ネコの老いじたく

いつまでも元気で長生きしてほしいから
知っておきたい

壱岐田鶴子

SB Creative

著者プロフィール

壱岐田鶴子（いき たづこ）

獣医師。神戸大学農学部卒業後、航空会社勤務などを経て渡独。2003年、ミュンヘン大学獣医学部卒業。2005年、同大学獣医学部にて博士号取得。その後、同大学獣医学部動物行動学科に研究員として勤務。動物の行動治療学の研修をしながら、おもにネコのストレスホルモンと行動について研究する。2011年から、小動物の問題行動治療を専門分野とする獣医師として開業。おもな著書は『ネコの気持ちがわかる89の秘訣』『ネコの「困った！」を解決する』（サイエンス・アイ新書）。

ペット行動クリニック
https://www.vetbehavior.de/jp/

本文デザイン・アートディレクション：クニメディア株式会社
イラスト：まなかちひろ
撮影：伊藤孝一
校正：曽根信寿

はじめに

　最近はペットの高齢化が進み、室内で飼われるネコの平均寿命は16歳に近づいています。室内飼いにする飼い主が増えて、事故や感染症による死亡率が減ったこと、食生活や住環境の向上、獣医療の進歩などがその理由に挙げられます。言いかえれば、**飼い主のみなさんのネコに対する愛情と、ネコを家族の一員として迎える意識の向上**が、ネコの長生きにつながったといえます。

　とはいえ、なんにでもじゃれて無邪気に遊んでいた子ネコの時期はすぐに終わり、成ネコになれば人のおよそ4倍の速さで年をとるので、あっという間に人の年齢を追い越してしまいます。

　子ネコのころがかわいいのは当然ですが、おじいちゃんやおばあちゃんネコになって、ワンテンポ遅れて反応したり、お気に入りの場所でうつらうつらまどろんでいる、少し小さくなった姿を見たりすると、子ネコのころとは違ったいとおしさが込み上げてきます。年を重ねたネコが穏やかに過ごす姿は、心からホッとさせてくれます。そこには長い時間をともにした家族のきずなができあがっているからでしょう。

しかし、実際にはきれいごとばかりではありません。ネコも高齢化が進めば、人と同様、生涯付き合っていかなければならない病気になることも増えます。食餌に見向きもしてくれなくなって、頭を抱えることも多くなります。認知症になってトイレ以外の場所でオシッコをしたり、訳もなく大きな声で鳴くこともあるでしょう。それまで以上にネコのお世話に費やす時間が求められます。精神的・経済的な負担ものしかかってきます。そして、いつしか愛ネコを看取らなければならない日もかならずやってきます。

　「愛ネコにいつまでも元気で長生きしてほしい」というのは飼い主の誰もの願いです。そのためにはどうすればいいのでしょうか？

　最も重要なのは「ネコの日々の健康をしっかりと管理し、自分が愛ネコを守る」という意識を飼い主が持つことだと思います。具合が悪くてもじっと耐えているのがネコの性(さが)です。食餌や環境、シニアネコに多い病気について、正確な知識を身に付け、家庭でも積極的に健康チェックを行うことが、病気の予防や早期発見にかならず役立ちます。ネコの体や行動のわずかな変化にいち早く気が付いてあげられるのは、**日ごろからネコとコミュニケーションがとれている飼い主**だけなのです。

　若くて日ごろから元気なネコが、あまり動かずにじっとしていれば気が付きやすいですが、活動することが減り、寝ている時間が長いシニアネコは、変化に気が付

くのが遅れがちです。ネコが年をとれば、よりきめ細やかな日々の観察と健康管理が大切になってきます。

この本は「でも、具体的にどうしたらいいのかわからない……」「年をとったネコが病気になるのが不安」「情報があふれすぎて、なにが正しいかわからない」というネコの飼い主にお伝えしたいことをまとめました。

現在、飼いネコのおよそ半数近くを占める7歳以上のネコに的を絞り、ネコの体の基本情報、老化による体や心の変化、自宅ですぐにできる健康チェックの方法、動物病院とのつき合い方やシニアネコがかかりやすい病気、その症状、診断、治療法について、できるだけ具体的に解説しています。そして、シニアネコに適した食餌と環境、ボディケアとお世話の仕方、さらにいつかくる別れに備えて知っておいてほしいことなどにも触れています。

本書が、現在シニアネコと暮らすみなさんの不安な気持ちを少しでも和らげることにつながれば幸いです。ネコが今、なにをいちばん望んでいるのか考えながら、若いころとは一味違った魅力を持つシニアネコとの1日1日を、穏やかな気持ちで大切に過ごしてほしいと心から願っています。

最後に、本書の刊行にあたりご尽力いただいた科学書籍編集部の石井顕一さん、かわいいイラストを描いてくださったまなかちひろさんに心から感謝いたします。

2017年11月　壱岐田鶴子

CONTENTS

はじめに ……………………………………………… 3

第1章　ネコの老いとは? …………… 9

1-1　16歳でもピチピチ、7歳でもヨボヨボ
生活環境で大きく変わる ……………………………… 10

1-2　ネコのライフステージの特徴を知る
7歳から中年、11歳からシニア、15歳から老年 …… 12

1-3　老いの兆候は外見から判別できる
目、歯、爪、毛・皮膚、体形 ……………………… 14

1-4　老いは行動の変化にも現れる
動作がゆったりして感覚も鈍くなる ……………… 20

1-5　「痛みのサイン」を見逃さない
どれくらい痛いかはペインスケールで判断 ……… 22

1-6　「体」だけではなく「心」も変化する
頑固になる傾向があるのは人と同様 ……………… 24

Column1　ミュンヘンの「ネコカフェ」事情　26

第2章　シニアネコの健康管理 …… 27

2-1　ネコの「基本データ」を知っておこう
心拍数、呼吸数、体温、口の中の粘膜 …………… 28

2-2　自宅でできる健康チェック①
体重、飲んだ水の量、リンパ節 …………………… 33

2-3　自宅でできる健康チェック②
オシッコ、ウンチ ………………………………… 38

2-4　動物病院とじょうずにお付き合いする秘訣
ポイントを押さえて自分の目で確認する ………… 44

2-5　年に1度の健康診断を勧めるワケ
異常ありでも早期治療可能 ………………………… 48

2-6　動物病院へ連れて行くコツ
キャリーバッグに慣れてもらう …………………… 50

2-7　病気のサインを見逃さない
「微妙なおかしさ」は飼い主だからわかる ……… 54

Column2　ネコの多頭飼いをお勧めするワケ … 56

第3章　シニアネコが
かかりやすい病気 …………… 57

3-1　慢性腎臓病
早期治療で病気の進行を防ぐ ……………………… 58

3-2　糖尿病
食餌療法とインスリン療法が治療の「2本柱」 …… 66

ネコの老いじたく

いつまでも元気で長生きしてほしいから知っておきたい

サイエンス・アイ新書

- 3-3 甲状腺機能亢進症
  早期に発見できれば長生きできる ... 76
- 3-4 腫瘍
  「がん=死」というイメージは薄れつつある ... 80
- 3-5 心臓の病気
  心筋症のネコにはストレスのない穏やかな生活を ... 86
- 3-6 歯周病と歯の吸収
  なにはともあれ予防がいちばんだが…… ... 91
- 3-7 骨や関節の病気
  痛みと炎症をコントロールして生活の質を確保 ... 96
- 3-8 便秘
  ひどいようであれば動物病院へ ... 101
- 3-9 高血圧症
  網膜剥離で失明することも ... 105
- 3-10 認知機能障害
  ネコが安心できる環境を構築する ... 111
- Column3 なぜドイツではウエットタイプの
  フードが主流なのか? ... 116

第4章 シニアネコに適した食餌と環境 ... 117

- 4-1 シニアネコに適したフードってなに?
  かならずパッケージをチェックする ... 118
- 4-2 ネコの「理想体重」を量る方法
  ボディコンディションスコアで確認する ... 124
- 4-3 太り気味のネコをどうダイエットさせるか?
  飼い主による体重・食餌管理が必須 ... 126
- 4-4 やせ気味のネコにどう食餌を与えるか?
  やせる原因を考慮した上で食餌を見直す ... 130
- 4-5 療法食を食べてくれないときは?
  「9つのポイント」を試してみる ... 134
- 4-6 適量の水をネコに飲んでもらうには?
  あちこちに新鮮な水を置く ... 138
- 4-7 老ネコに最適なトイレを構築するには?
  オシッコに失敗するには理由がある ... 141
- 4-8 「お気に入り」の場所を用意する
  冬は湯たんぽなどで暖かくして ... 143
- 4-9 「狩り」のような遊びはシニアネコも大好き
  飼い主から誘ってあげる ... 146
- Column4 マイクロチップの多大な恩恵とは? ... 148

CONTENTS

第5章　シニアネコのボディケアとおせ話 ... 149

- **5-1** 毛のお手入れとスキンシップのポイント
  飼い主のケア次第で大きく変わる ... 150
- **5-2** 耳のお手入れ
  怠ると外耳炎を起こすこともある ... 154
- **5-3** 爪のお手入れ
  伸びすぎると肉球に深く突き刺さることもある ... 156
- **5-4** 歯のお手入れ
  ガーゼでなでるだけでも効果がある ... 160
- **5-5** 薬にはじょうずな飲ませ方がある
  食餌に混ぜるか、口に直接入れる ... 162
- **5-6** 飼い主が自宅でできる緩和ケア
  ネコの生活の質を保つ ... 166
- **Column5** ペットと一緒に永遠の眠りにつく ... 172

第6章　別れのとき ... 173

- **6-1** ネコが最期を迎えるとき
  飼い主ができることはなにか? ... 174
- **6-2** ネコの安楽死とはなにか?
  正しく理解した上で家族全員で決める ... 176
- **6-3** ペットロスの悲しみとどう向き合う?
  飼い主の心の中で永遠に生き続ける ... 178
- **6-4** 飼い主の心がまえ
  ペットは1匹では生きられない ... 180
- **6-5** 同居ネコの悲しみをケアする
  悲しみの影に隠れた健康上の問題に注意 ... 182
- **6-6** 新しいネコを迎え入れる
  あなたに飼われて幸せになるネコがまた1匹 ... 186
- **Column6** 循環式給水器を「自作」する ... 188

参考文献 ... 190
索引 ... 191

第1章
ネコの老いとは?

1-1 16歳でもピチピチ、7歳でもヨボヨボ
～生活環境で大きく変わる

老化はネコにかぎらず、私たち人を含めたすべての生命体が避けて通れない現象です。

生物学的には老化は、「**時間の経過とともに生じる個体の機能や形態の衰退の過程**」と定義されています。体は多くの細胞から成り立っていますが、細胞は老化すると分裂・増殖しなくなります。また、細胞はさまざまな刺激（活性酸素、化学物質、がん遺伝子の活性化など）によってダメージを受け、ダメージを修復しようとする能力も次第に衰えてきます。

細胞の数が減少するので、細胞によってつくられている体の臓器（器官）が萎縮し、生理的機能が低下します。具体的には、外界の情報を感知するための**感覚機能**（五感＝視覚、聴覚、嗅覚、味覚、触覚）が衰え、反応が鈍くなり、骨、筋肉、関節の衰えにともない運動能力も低下します。また、環境の変化やストレスに対する適応能力も低下していきます。そして、免疫機能の低下にともない、病気になりやすくなり、病気やケガをすると治るのに時間がかかるようになります。ホメオスタシス（＝恒常性）と呼ばれる、体が外部環境の影響を受けても体内環境を一定の状態に保とうとする力が弱まり、ついには生命を維持することが困難になってきます。

ただし、**老化の進行は遺伝要因や生活環境、心身のストレスといった環境要因の影響を大きく受ける**ため個体差が大きく、16歳でも動きが機敏で毛並みもよく若々しいネコがいる一方で、7歳ですでに多くの歯が抜けて毛や皮膚の状態も悪く、ヨボヨボに見えるネコがいるのも事実です。

第1章 ネコの老いとは？

　残念ながら老化を止めることはできませんが、**老化の進行をできるだけ遅らせて、愛ネコが幸せなシニアライフを送れるようにするにはどうしたらよいか**、考えていきましょう。

ネコも老いる

感覚機能が衰え、反応が鈍くなり
運動能力・適応能力・免疫機能も低下する。

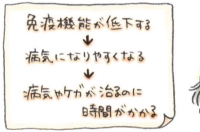

★ ネコの年齢を見た目だけで判断するのは難しい

ネコのライフステージの特徴を知る
1-2　7歳から中年、11歳からシニア、15歳から老年

ネコの老いは**何歳ごろからはじまる**のでしょうか？

「何歳になればシニアの仲間入り」と明確に定義することはできませんが、目安となるネコの大まかなライフステージ（成長段階）があります。文献によって多少の違いはありますが、6カ月ごろまでに子ネコ期が終わり、2歳ごろまでに、ほとんどのネコ種で成長期も終了し、その後、6歳ごろまでが、人では壮年期に相当する成ネコ期です。

「7歳からをシニア期」と耳にすることもありますが、飼いネコの平均寿命が16歳近い現在、人生（ネコ生）の半分以上をシニア期と呼ぶのは、ちょっとかわいそうです。

通常、生物の生存期間が残り4分の1になったあたりからをシニア期と呼ぶので、平均寿命がおよそ80歳の人では60歳前後、**飼いネコでは、11～12歳**に相当します。

全米ネコ獣医師協会（AAFP）が発表したライフステージでは、7歳からを中年期、シニア期、老年期に分類しています。

🐾 中年期：7～10歳（人の44～59歳に相当）

人でいえば**人生の中盤**ともいえるこの時期、見た目や行動は

表　人の年齢に換算したネコの年齢

ネコ	～2	3	4	5	6	7	8	9	10
	成長期	成ネコ期				中年期			
人	～24	28	32	36	40	44	48	52	56

※1　全米ネコ獣医師協会（AAFP）が発表したライフステージを参考。
※2　2歳以降の飼いネコの年齢換算式は、24＋（ネコの年齢－2）×4

第1章 ネコの老いとは?

あまり変わらなくても、確実に老いは忍び寄ってきています。徐々に体の老化がはじまり、人と同様、症状はなくても、**若いころにはなかった不具合があちこちに出てくる時期**です。健康チェック(血液検査や尿検査)の結果でも引っかかる値が出はじめる時期です。

🐾 シニア期：11～14歳（人の60～75歳に相当）

シニア期に入るこの時期は、見た目や行動にも「年をとったなあ」と思えるような変化が見られます。これらの変化は、シニアネコに多い病気の症状であることも少なくありません。今まで以上に、**飼い主のきめ細かな観察とケア、健康チェックが重要**になってきます。

🐾 老年期：15歳～（人の76歳～相当）

老年期に入るこの時期になると、心身ともに老化のサインがさらに顕著になり、飼いネコの50％以上が、なんらかの認知機能障害(認知症)の症状(**3-10**参照)を見せるという報告もあります。また、病気にかかることもさらに多くなり、**3匹に1匹は慢性腎臓病**とも報告されています。今まで自立していたネコも人に依存する時期、つまり**人による集中的なケアが必要**になる時期です。

単位：歳

11	12	13	14	15	16	17	18	19	20	21
シニア期				老年期						
60	64	68	72	76	80	84	88	92	96	100

1-3 老いの兆候は外見から判別できる
～目、歯、爪、毛・皮膚、体形

　人が年をとると、まず皮膚（シワやたるみ）や髪（薄くなった頭髪や白髪）、前屈した姿勢などに外見の変化が現れます。人と比べると、ネコは年をとっても見た目はそれほど変わらないように見えますが、外見上、**老いが現れやすいのは、目、歯、爪、毛・皮膚や体形**です。これらの体の部分的な変化を総合的に見ていくと、おおよそではありますが、たとえば、年齢不詳の成ネコの年齢を推測するときの参考にすることもできます。

　目：シニア期に入るころから**虹彩**（こうさい）や**水晶体**に変化が現れることが多くなります。虹彩は、ネコの目の色が付いた部分で、虹彩の筋肉が収縮して目の中央にある瞳孔（どうこう）の大きさを変え、網膜に入る光の量を調節しています。加齢とともに虹彩の組織が萎縮（いしゅく）して、薄くなったり、穴が開いたりするため、虹彩の色が透けて部分的にシミ※や穴が開いたように見えることがあります。これは**老齢性の虹彩萎縮**と呼ばれます。虹彩筋の萎縮が進むと、瞳孔の辺縁部が不規則（いびつ）になったり、瞳孔が大きいままになったりすることもあります。視力には影響せず、治療法もありませんが、明るいところではまぶしがることもあります。

　また、加齢とともに目の水晶体繊維が中心部に押されて硬化することで、瞳孔（水晶体）の中心が青白っぽく見えるようになることがあります。これは**老化性の水晶体核硬化症**と呼ばれ、水晶体の老化によるものです。たいてい両目ともに同じような程度

※注：虹彩にできる黒っぽい小さなシミのように見える色素沈着（多くは一方の目だけ）は、メラノーマという悪性腫瘍（がん）の初期症状である可能性があり、瞳孔が大きいままになるのは視覚障害をともなう網膜剥離（**3-9**参照）などほかの病気の可能性もあるので注意が必要。

で濁り、視力には影響しません。水晶体が白濁する目の病気である**白内障**は、イヌに比べるとネコではまれですが、水晶体核硬化症と似ており、区別が難しいこともあります。

そのほか、毛づくろいがおろそかになるので、**目やに**が目立つようになります。

老いにともなう外見の変化

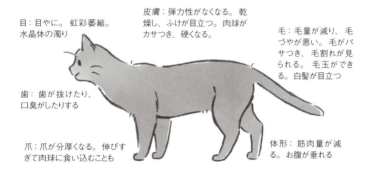

目：目やに。虹彩萎縮。水晶体の濁り

皮膚：弾力性がなくなる。乾燥し、ふけが目立つ。肉球がカサつき、硬くなる。

毛：毛量が減り、毛づやが悪い。毛がパサつき、毛割れが見られる。毛玉ができる。白髪が目立つ

歯：歯が抜けたり、口臭がしたりする

爪：爪が分厚くなる。伸びすぎて肉球に食い込むことも

体形：筋肉量が減る。お腹が垂れる

左の老齢性の虹彩萎縮は、右の眼球の虹彩メラノーマ（悪性腫瘍）の初期症状と区別が困難なこともある

写真提供：Sabine Schroll（左）、Sabine Wacek（右）

ちなみに、加齢とともに水晶体が濁って通過する光が減り、**水晶体反射光が大きくなることを利用した年齢推定法**があります。あまり明るくない部屋でネコを軽く保定し、およそ20cmの距離からネコの目に医療用のペンライトでソフトな光を当てます。**決して、強い光は当てないでください**。ペンライトを顔の横のほうから中央に向かってゆっくり動かすと、角膜および水晶体の前面と後面からの3つの反射光が見えるはずです。いちばん明るい角膜反射光は無視します。水晶体の前面と後面の反射光のおおよその大きさから年齢を推定します。見つけるのが難しいことも

ペンライトによる年齢推定法。角膜反射光と水晶体の前面反射光はペンライトと同じ方向に、水晶体の後面反射光はペンライトと反対の方向に動くのがわかるはず

直径4mmまでの点を描いた紙を目盛りとなるようにあらかじめ用意しておき、ネコの目にできた反射光と見比べるとやりやすい

表1　ペンライトによる年齢推定法

反射光(水晶体前面)	反射光(水晶体後面)	年齢幅(平均年齢)
針先ほど(<1.0mm)	針先ほど(<1.0mm)	0〜4.5歳(2.2歳)
針先ほど(<1.0mm)	0.7〜2.0mm	4.6〜7.5歳(6歳)
1.0mm	2.0mm	7.6〜9歳(8.2歳)
1.5mm	2.5mm	9〜13歳(11歳)
2.0mm	3.0mm	13〜15歳(14歳)
3.0mm	4.0mm	>15歳(15歳以上)

出典：Tobias G, Tobias TA, Abood SK (2000) " Estimating age in dogs and cats using ocular lens examination."

ありますが、ネコがリラックスしているときを狙うとやりやすいでしょう。

歯：生後5～7カ月ごろまでに、ネコの乳歯は永久歯に生え変わります。歯の状態は食餌、歯のお手入れ、健康状態に大きく影響されるため、歯の状態から年齢を推定するのは困難です。若くても歯がすでに抜けているネコもいれば、シニア期に入っても比較的きれいな歯をしているネコもいます。とはいえ、永久歯に生え変わってから1歳ごろまでのネコの歯はほとんど真っ白です。年とともに、歯の黄ばみが増し、歯（特に犬歯）が擦り減って丸くなります。早ければ2～3歳ごろから、多くは5歳ごろから黄色っぽい歯石の付いた歯が多く見られ、歯茎にも茶色っぽいシミのような色素沈着が見られるようになります。さらに**シニア期に入ると、ほとんどの歯に歯石が付着し、歯茎の色素沈着も増え、口臭がしたり、歯が抜けたりすることも多くなります**。これらの歯の状態から「比較的若い」「中年期」「シニア期以上」と、年齢のおおよその推測ができます。

ネコの歯

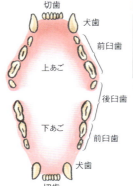

表2　ネコの歯の種類と数

歯の種類	上あご（片側）	下あご（片側）
切歯（せっし）	3	3
犬歯（けんし）	1	1
臼歯（きゅうし）	4	3

ネコの永久歯は合計で30本（乳歯は後臼歯を除く26本）

爪：ネコの爪はサヤが何層にもなっていて、爪をとぐことによって外側のサヤがはがれて、新しい層が現れる構造になっています。しかし、年とともにネコは爪とぎをあまりしなくなるため、**外側のサヤがはがれ落ちずに爪が分厚くなり、クルンと巻くように伸びていきます**。爪がじゅうたんやカーテンに引っかかったり、床を歩くときにコツコツと音がすることで、飼い主が伸びすぎた爪に気づくこともあります。爪の色も白っぽく濁り、伸びた爪を放っておくと太い巻き爪に変形して、爪（特に前肢の親指）が肉球に突き刺さることもあります。爪の定期的なチェックやお手入れについては**5-3**を参照してください。

　毛・皮膚：新陳代謝が悪くなり、抜け毛が増えて、毛が薄い箇所や毛割れの箇所ができ、全体的につやがなくなり、毛がパサつき気味になります。毛づくろいをサボりがちになることも原因の1つです。体の柔軟性がなくなって、毛づくろいをするのが難しくなり、（特に背中のあたりに）**毛玉**ができることもあります。皮膚も薄くなって弾力性がなくなり、軟らかだった肉球もカサつき、硬くなります。中年期に入ると、顔にちらほら**白髪**が見られるネコもおり、シニア期に入れば体にも白髪が目立ってきます。黒い毛のネコだと白髪が顕著ですが、白ネコでもどこかに少しでも黒い毛が生えていれば、その部分の色が薄くなっていきます。

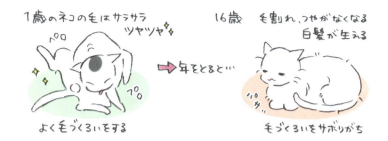

　体形：通常、ネコは必要なエネルギー量（食べる量）を自分で調整できますが、避妊・去勢手術をしたネコや、エネルギー密度の高いドライフードを食べるネコは、この能力が十分に発揮できないようです。特に避妊・去勢手術後は、体重維持に必要なエネルギー量が25〜35％減少するので、摂取カロリーを調節してあげないと、中年期には**太り気味**になります。反対にシニア期に入ると、**やせ気味**のネコが増えてきます。また、加齢とともに、筋肉量、特に背中からお尻、後肢の筋肉が減ってきます。健康維持のためには定期的な体重チェック（**4-2**参照）が欠かせません。

1-4 老いは行動の変化にも現れる
〜動作がゆったりして感覚も鈍くなる

　老化にともなってネコの**行動**にも変化が見られるようになります。若いときに比べると、活動することが少なくなってくるので、なんとなく影が薄くなってきます。

- **寝ている時間が長くなる**：20時間近く寝ることもあります。眠っている時間が長くなるだけでなく、眠りも深くなり、急に起こされると寝ぼけて、状態を把握するのに時間がかかることもあります。
- **活動性の低下**：中年期に入ると、若いときのようなワイルドな動きが徐々に減ります。シニア期に入ればさらに行動がゆっくりになり、立ち上がったり歩き出したりなど、1つ1つの行動にも時間がかかるようになります。遊びにもあまり興味を示さなくなり、興味を示しても集中力がなくなり、遊ぶ時間も徐々に減ってきます。
- **敏捷性の低下**：平衡感覚や運動能力が低下します。筋肉、特に後肢の筋肉が減少し、関節も衰えて瞬発力が弱まり、今まで上がっていた場所にも簡単にはジャンプできなくなります。
- **感覚機能（五感＝視覚、聴覚、嗅覚、味覚、触覚）の低下**：感覚器には外界からの情報を受け取り知覚する役割があります。加齢により感覚機能は徐々に低下し、知覚するのにも時間がかかるようになります。たとえば、聴力が低下すると人の声（特に低いトーン）が聞き取りにくくなり、周囲の音に反応しにくくなったり、鳴き声が大きくなることがあります。嗅覚・味覚が衰えると、食餌に対する興味が低下して食欲不振につながります。また、触覚が低下すると温度感覚が鈍くなるので、低温やけどをしたり熱中症になることもあります。

第1章 ネコの老いとは?

- **寒がる**：年をとると体もやせて筋肉量が減り、血行や代謝が悪くなり、活動量も減ることから寒がりになります。

 認知機能障害による行動の変化(**3-10**参照)が見られることも多くなります。とはいえ、シニア期に入っても活動的なネコはおり、行動の変化は人と同様に個体差があります。病気や関節の痛みなどが原因で活動性が低下することが多いのも現実です。

1-5 「痛みのサイン」を見逃さない
～どれくらい痛いかはペインスケールで判断

　老いにともなうネコの行動の変化は、病気や痛みのサインと重なることも多く、実際、区別するのが難しいこともあります。

　ネコは痛みがあったり具合が悪くても、表に出さずじっと静かに耐えていることが多いからです。自然界では、ネコは病気やケガで痛みがあっても、敵に狙われることがないように、弱みをなるべく隠す習性があります。

　人でも痛みの感じ方は1人1人違い、個人差があるように、ネコも痛みがあるときの様子は、個々のネコのキャラクターにも大きく左右されます。

　体のどこかに痛みがあるときには**ネコの行動に変化**が見られますが、それに気づけるのは、日ごろネコと一緒に暮らし、ネコの気性、日ごろの様子などを知り尽くしている飼い主にほかなりません。急に生じた痛みなら、様子が明らかに変わるのでわかりやすいのですが、**長期にわたって少しずつ生じた慢性の痛みは見逃されがち**です。

　一般的には、活動する時間やグルーミングする時間が減ったり、動きが鈍くなったり、触られるのを嫌がったり、人や同居ネコとのコンタクトを避けて隠れたりするような行動をとることが多くなります。また、今までしなかった座り方や寝方をしたり（痛みがある側を下に寝ることも多い）、顔の表情がいつもと違って見えたりする（耳は横に倒し気味。目はやや細めてつり上がり気味。しかめっ面など）こともあります。

　急な痛みを評価する**ペインスケール**があるので参考にしてみてください（**右表**）。

第1章 ネコの老いとは？

表　急な痛みの評価（ペインスケール）

痛みのスコア―/体の緊張度	起きているときのポーズ（一例）	様子や行動の変化	痛い箇所を触られたときの反応
0		・満足げで静か。 ・休息中も心地よさそう。 ・周囲に興味があり好奇心を示す。	反応しない。
1/軽度		・周囲から少し距離を置いたり、日々の行動に変化が見られる。 ・ふだんほど周囲への興味を見せないが、（目で追うなど）関心は示す。	反応したり、しなかったり。
2/軽度〜中程度	しゃがみこむ（頭が肩より下がり、四肢は体の下に折りたたみ、しっぽを体に沿ってくっつける）	・外界に対する反応が減り、コンタクトを避けようとする。 ・静かで、目は輝きがなく閉じ気味。 ・丸まって寝たりしゃがみこむ。 ・毛はパサついたり逆立っている。 ・痛みのある部位を舐める。 ・食べ物に興味を示さず、食欲が低下。	・痛い箇所に触られると、攻撃的になったり逃げようとする。 ・痛い箇所に触れなければ気にしない。
3/中程度		・持続的に鳴いたり、うなったり威嚇したりする。 ・痛みのある部位を舐めたり噛んだりする。 ・動こうとしない。	・うなったり威嚇する。 ・攻撃的。
4/中程度〜重度		・倒れるように横たわる。 ・外界に対する反応や周囲への関心がなく、気を引くのが困難。 ・ケアを受け入れる（ふだんは人に触れさせないようなネコでも）。	・反応しない。 ・動くと痛いので体がこわばっていることも。

参考：Colorado State University Veterinary Teaching Hospital, *FELINE ACUTE PAIN SCALE*

1-6 「体」だけではなく「心」も変化する
～頑固になる傾向があるのは人と同様

　加齢とともに環境への順応性が低下し、ストレス耐性（ストレスに対応できる柔軟さや強さ）が弱まるので、老化は体や行動に見られる身体面だけではなく、ネコの**感情、気分、認識能力といった精神面にも影響**を及ぼします。

　年をとったネコの心の変化は、長年一緒に暮らしている飼い主しか感じ取ることができませんが、年をとると感覚機能や周囲を認知、分析する能力が衰えてくるので、新しいことを学習するのに時間がかかるようになります。小さなことにビックリしたり、いら立った落ち着きのない態度を見せたり、不安を感じやすくなったり、攻撃的な態度を見せたりするネコもいます。また、**年とともに頑固になる傾向は人と同様**です。

　ネコのキャラクターが変わることもあります。たとえば、年をとると触られるのを嫌がるようになるネコがいる一方で、若いころは自立心が強くクールで人を寄せ付けなかったのに、年とともに飼い主に甘えて、まとわりついてくるようになるネコもいます。

　ネコと長年暮らしていると、飼い主とネコとの間には言葉はなくとも顔を見るだけでお互いにわかり合える深いきずながてきあがります。若いころはワイルドでいたずら好きな表情を見せていたネコも、年を重ねるにしたがい「**ネコ生**」を悟りきったような静かな表情を見せてくれます。そんな姿はなんだか威厳さえ感じられます。アンチエイジングなどと騒ぎ、老いをなかなか素直に受け入れることができない私たち人は、見習うべきかもしれません。

　ネコは(多分)昔の思い出に浸ることもなく、「年をとる」ことも「病気になること」も思い悩むことなく、まさに「**今、そのとき**」を

第1章 ネコの老いとは?

懸命に生きています。

　食べて水を飲んで、排泄して、温かくて気持ちのよいお気に入りの場所でくつろぎ、家族や仲間のネコと触れ合う、そんな穏やかな日々を多く過ごすことができれば、シニアネコは幸せであるといえるのではないでしょうか。サポートできることはしてあげて、もし、してあげることがかぎられてきても、**飼い主の愛情がいちばんの特効薬**なので、ネコが安心できるように、一緒にいる時間をたくさんつくってあげてください。

COLUMN1　ミュンヘンの「ネコカフェ」事情

　日本では**ネコカフェ**がすっかり定着しており、訪れたことがある方も多いと思います。最近はネコと触れ合えるだけでなく、保護ネコの飼い主探しを目的とする**保護ネコカフェ**も増え、その機能も多様化しています。

　世界各地でも日本をまねて、次々とネコカフェがオープンし、ドイツにも現在3つのネコカフェがあります。ネコカフェはその国の文化を反映するのか、国による違いもあるようです。ドイツ・ミュンヘンのネコカフェは、入り口のドアこそ二重になっていますが、店内はごく普通のカフェで、入場料などはなく、飲み物や軽食を普通に注文して飲食できます。

　店内には、キャットタワーやキャットウォーク、ネコ用の寝床などが用意されていて、ネコがくつろいでいます。「ネコと積極的に触れ合う」というよりも、「**ネコのいる空間を楽しむ**」という感じです。「ネコカフェ」だと知らずにカフェに入って、「あっ、ネコ！」と気が付くお客さんもいるほど普通のカフェです。キッチンにはネコが入れないように配慮されていて、カフェの奥にはネコ用の部屋があり、ネコが（見られたり触られたりするのが）嫌になったり、「1匹になりたい……」ときは、いつでも奥の部屋へ引っ込むことができます。

　ネコはすべて保護ネコのようですが、人によくなついているにもかかわらず、ケーキやコーヒーのクリームなどをねだったりすることはありません（やはり選抜されているのでしょう）。もちろん、ネコが近くによってくれば、ほとんどの人がなでてあげますが、積極的にネコに近づいて触ろうとする人はあまりいないようです。

第2章
シニアネコの健康管理

2-1 ネコの「基本データ」を知っておこう
～ 心拍数、呼吸数、体温、口の中の粘膜

　ネコと接する飼い主が**簡単にできる健康チェック法**はたくさんあります。日ごろからネコとのスキンシップも兼ねて、ネコの「主治医」になったつもりで、ぜひ実行してみてください。子ネコのときからはじめられれば理想的ですが、ネコの年齢にかかわらず、いつからでもはじめてください。

　ネコにも個体差があるので、まずは健康管理の一環として、**ネコが健康なときの基本データ**を知っておくことが大切です。毎日する必要はありませんが、2週間に1度などと定期的に（気になるときは頻繁に）チェックすれば、体調の変化にも気づきやすくなります。結果はそのつど、わかりやすいように記録しておきましょう。できるだけ同じ条件下（時間帯、食前・食後など）で、ネコがリラックスしているときに測定できれば理想的です。

　それらの記録は獣医師にとっても重要な情報になるので、動物病院で診察を受けるときには持参すると役立ちます。動物病院ではネコは緊張したり興奮したりしているので、測定値が自宅より高くなることもあります。

🐾 心拍数（脈拍数）：110～180回/分（ストレス時は200回/分に達することも）

　ネコがリラックスしているとき、ネコの後方から行います。右ページの**上図**のように自分の右手をネコの右脇から差し込んで、抱えるような感じで胸のあたりに持っていき、ネコの左胸（左前肢のひじがお腹に当たるあたり）を中指の指先で確認します。聴診器が自宅にある方は、もちろん聴診器を胸部に当てて心拍数

第 2 章　シニアネコの健康管理

を数えることもできます。1分間だと長いので、**15秒測って4倍**すれば、1分間の心拍数がわかります。脈拍数は、**下図**のようにネコの後ろに立ち、外側から手前に後肢の付け根をつかむような感じで指（人差し指と中指）を当てて、後肢の内側にある大腿動脈の振動を確認します。ネコによっては（太っていて）わかりにくいこともあります。

🐾 呼吸数：20〜40回/分

ネコがリラックスして横になっているときなどに「胸部が上下に動くのを1回」として、その回数を数えます。心拍数と同様、15秒測って4倍し、1分間の呼吸数を計算します。

知っておこう！ ネコの基本データ！

● 心拍数測定

ネコの左胸
（左前肢のひじが
お腹に当たるあたり）
を中指の指先で確認する。

● 脈拍数測定

後肢の内側にある
大腿動脈の振動を確認する。

★ どれもネコがリラックスしているときに行うこと！

🐾 体温：成ネコの平熱37.5〜39.0度

　体温はネコによって個体差があるので、**そのネコの平熱を把握しておくことが大切**です。年とともに体温は下がる傾向にあります。体温は電子体温計（ペット用でも人用でも）を肛門に最低でも1cmそっと挿入して、直腸温を測ります。潤滑剤（ワセリンなど）を少し付けると挿入しやすくなります。**先が柔らかく曲がり、数秒で測定できるペット用の体温計**を選べば、ネコもあまり嫌がりません。測るときにネコが急に動くこともあるので、体温計を持った手が常にネコの体に軽く触れるようにしておくと安心です。体温計の先は、使用後に消毒するか、体温計の先に付ける**使い捨てのカバー**（ラップでも代用可）を使うと便利です。

　1人が軽くネコを保定し、もう1人が測るようにすればやりやすいのですが、ネコが嫌がる場合は無理に測る必要はありません。脇の下での体温測定や、デジタル耳体温計を使った「耳温」の測定値は、いちばん正確な直腸温とは誤差（±0.5℃以上）があり、正確さに欠けます。

　しかし、直腸での測定が難しいようであれば、参考にすることはできます。体温が測れなくても、日ごろからネコの耳や下腹部を触って体温を確かめることを習慣にしておけば「今日はいつもより熱いなぁ」とわかります。

　通常、体温が40℃以上であれば「熱がある」とみなします。発熱（高体温）にはさまざまな原因、たとえば、感染症、腫瘍、熱中症、甲状腺機能亢進症（**3-3**参照）などが考えられるので、体が熱いと感じられるときは体温を測って平熱と比べてみましょう。

　反対に体温が37度以下になると、ショックや動脈血栓塞栓症（けっせんそくせん）（**3-5**参照）の疑いもあります。明らかに様子がおかしければ、すぐに動物病院で診断を受けましょう。

第2章 シニアネコの健康管理

● 呼吸数測定

横になっているときなどに「胸部が上下に動くのを1回」として、その回数を数える。

ペット用体温計。サーモフレックス（Thermo Flex）などが使いやすい。インターネット通販なら3,000円前後で購入できる。体温計を汚さないよう使い捨てのカバーが付属するものもある

● 体温測定

電子体温計の先に
潤滑剤をつけ
肛門にそっと挿入する。

一人が軽くネコを保定し、
もう一人が測るようにすると
やりやすい。
ネコを傷つけることがない
ように、体温計を持った手が
常にネコの体に軽く触れる
ようにする。嫌がる場合は
無理に測る必要はない。

31

🐾 口の中の粘膜

歯茎や口腔粘膜の色をチェックします。通常、ネコの口の中の粘膜は少し紫がかったピンク色をしていますが、個体差があるので、いつもの色と違っていないかチェックします。白っぽい場合は貧血、黄色っぽい場合は黄疸、青紫色の場合はチアノーゼ（血液中の酸素濃度が低下）の可能性があります。また、口腔粘膜が炎症を起こして赤くなっていないか、腫れやしこりができていないかも調べます。同時に、歯茎が炎症を起こして赤くなっていたり、出血したりしていないか、歯の状態もチェックしておきましょう（**5-4**参照）。

また、血液循環が正常かをチェックするために**毛細血管再充満時間**（Capillary refill time）を測れます。下図のようにネコの上唇を少し上にめくり、歯茎（犬歯の上ぐらい）を2秒間ほど指先で押して圧迫し、指を離して一瞬白くなった歯茎の色が再び元のピンク色に戻るまでの時間を測定します。通常は**2秒以内**に元の色に戻りますが、2秒以上かかるようであれば、血液循環になんらかの問題（血圧の低下、ショックなど）が考えられます。

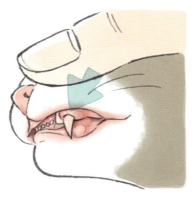

◆ 口の中をチェック

粘膜の色
・口の中の粘膜の色がいつもと違っていないか
・腫れやしこりができていないか
・歯と歯茎の状態

血液循環
上あごの犬歯の上の歯茎を指先で2秒間ほど圧迫し、毛細血管再充満時間を測る。

2-2 自宅でできる健康チェック①
～体重、飲んだ水の量、リンパ節

🐾 体重のチェック

　毎日見ているせいでしょうか、飼い主は自分のネコが太ったり、やせたりしたことに意外と気づきません。体重の定期的なチェックは、ネコの体に負担がかからない、とても有効な健康のバロメーターです。見た目はあまり変化がなくても、**数値で見れば体重の微妙な変化が明らかになります。**

　体重を量って、たとえば、体重が4kgから急に3.6kgに減っても、「たいして変わっていない」と思われるかもしれませんが、体重が10％減少しているわけで、人でいえば、60kgの体重が54kgに減少したことになります。

　体重が長期にわたってほんの少しずつ減少していくのは慢性の病気の兆候であることも多いので、少なくとも**月に1度**（変化があるときはもっと頻繁に）定期的に体重を量り、メモしておきましょう。5％程度の体重減少なら、しばらく様子を見てもかまいませんが、体重減少がさらに続くようなら、1度検査を受けることをお勧めします。

　中年期には太り気味のネコも多いですが、シニア期に入るとネコはやせる傾向にあり、老年期に入る15歳を過ぎれば、2匹に1匹のネコがやせすぎであるともいわれています。シニアネコがかかりやすい慢性の病気全般にいえることですが、治療をはじめる時点で体重がすでに大幅に減少していて全身状態がよくないと、予後がどうしてもよくありません。

　理想体重・理想体形については、**4-2**でくわしく解説しますが、ネコが理想体重を維持できるように、日ごろから食餌管理に

グラフ　太りすぎ、やせすぎのネコの年齢における割合

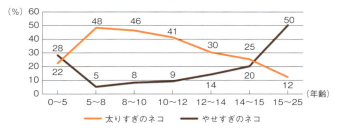

年をとる（14〜15歳くらい）とやせすぎのネコの数が急増する

定期的な体重測定は健康の大切なバロメーター。体重計が自宅にあれば、以下のような方法で量る

ネコの体重の量り方　体重計または吊り下げ秤で量る

① ネコをだっこして体重を量り自分の体重を引く

だっこして体重計に載るだけ

② キャリーバッグなどに入れて量りキャリーバッグの重さを引く

③ おもちゃやおやつで体重計に誘導

④ キャリーバッグなどにネコを入れて吊り下げ秤のフックに取り付ける

ベビースケールやペット用体重計があればさらによい

体重計が自宅になければ、デジタル式の吊り下げ秤が安価（数百円から）で、場所もとらないので便利。キャリーバッグなどにネコを入れて、吊り下げ秤のフックに取り付ければ量れる

努めることが、病気の予防にもつながると考えましょう。

🐾 飲んだ水の量のチェック

　オシッコの量を量るのは難しいので、オシッコの量が増えているかどうかは、**飲水量**を参考にしましょう。飲水量は、気温や失う水分（オシッコ、ウンチなど）の量に左右されますが、嘔吐、下痢、ケガなどで水分を失ったり、オシッコがたくさん出る病気（慢性腎臓病や糖尿病など）にかかると、たくさん水を飲むようになります。

　ネコは1日に**体重1kgあたりおよそ50ml**の水を飲みます。飲む水の量には個体差があり、気温、活動量やフードのタイプ（水分含有量）によっても変わってきます。たとえば、体重4kgのネコは1日を通しておよそ200mlの水分が必要です。このネコが1日に60gのドライフード（水分含有率10％）を食べているとすると、フードから摂取する水分はわずか6g＝6mlで、194mlの水を飲む必要があります。同じネコが1日に240gのウエットフード（水分含有率80％）を食べているとすると、フードからすでに192g＝192mlの水分を摂取しているので、8mlの水を飲めばよいことになります。大まかな目安としては、ドライフードのみ食べるネコなら、1日に飲む水の量が体重1kgあたり60ml以上であれば、多飲の疑いがあります。

　置いてある水は時間とともに蒸発するため、ネコが飲んだ水の量を正確に量るのは難しいですが、朝、決まった時間に、たとえば、500mlの計量カップで量った水をネコの水飲み器（複数でも）に入れて、翌朝水を取り換えるときに、おおよその残量を量れば、**1日の大まかな飲水量**がわかります。これを毎日の日課にすれば、飲水量の傾向がわかり、多飲に気づきやすくなります。

ネコも加齢とともに口の渇きに鈍感になり、飲水量が低下することがあります。目の周りがくぼんでいたり、首や背中の皮膚を軽くつまんで離しても2秒以内に元の状態に戻らないときは、**脱水状態**の疑いがあるので、水分の補給が必要です。水をあまり飲んでいないときは、**4-6**を参考にしてください。

😺 リンパ節のチェック

　リンパ節は体のいたるところにありますが、**右図**に示してある赤い印が、触ってわかるおもな体表のリンパ節です。左右一対ずつあります。ネコがリラックスしているときに、**親指と人差し指で軽くつまむような感じで**、ネコとのスキンシップを兼ねて確認してみましょう。腫れてこないと触知が難しいリンパ節もありますが、**2**と**6**のリンパ節は健康なネコでも、コリコリと触知できます。リンパ節は、感染症や腫瘍などさまざまな理由で腫れることがあるので、日ごろからリンパ節を触知しておき、腫れている場

◆ 脱水状態のチェック

首や背中の皮膚を
軽くつまんで離す。
2秒以内に元の状態に
戻らなければ脱水状態の
疑いがある。

第 2 章　シニアネコの健康管理

合は動物病院で検査を受けると安心です。

　同時に、体のどこかにしこりや腫れがないか、痛がる様子がないか、毛の触り心地がいつもと違わないかなどもチェックしておきましょう。

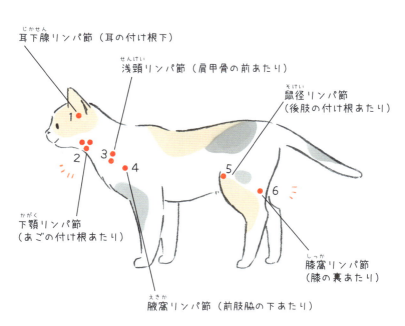

日ごろからリンパ節が腫れていないかをチェック！

2-3 自宅でできる健康チェック② 〜オシッコ、ウンチ

🐾 オシッコのチェック

　オシッコは健康の大切なバロメーターです。定期的にオシッコの回数、量、色、においなどをチェックしましょう。ネコは、通常1日2〜3回オシッコをし、1日の総量は体重1kgにつき20〜30mlと個体差があります。正常量のおよそ2倍以上のオシッコをするようであれば多尿といわれますが、オシッコの量を正確に量るのは難しいので、「いつもより頻繁にトイレに行くなぁ」とか、固まるタイプのネコ砂を使っている場合は、「いつもよりオシッコの固まりが大きいなぁ」と気づくだけでかまいません。排尿の様子も観察して、排尿体勢をとってトイレで力んでいるのにオシッコが出ない状態が丸1日続くようなら、獣医師に相談しましょう。

　定期的にオシッコを採取して、**色**や**におい**もチェックしましょう。通常、オシッコの色は淡い黄色〜黄色で、泡や濁りがなく、血液や結晶などの混合物を含みません。においはいつもと違わないか注意します。腎機能が弱まっていると尿が濃縮されなくなり、オシッコの色が薄く、においがあまりしなくなります。

　オシッコの観察も立派な尿検査ですが、採取した尿を動物病院に持参して、定期的に検査をしてもらうこともできます。採取した尿はなるべく早く（できれば2時間以内に）持って行かなければなりません。あらかじめ動物病院に確認しておきましょう。

🐾 オシッコの採り方

　いろいろあるので、そのネコに合った方法を選びましょう。直接採尿する場合は、ネコがオシッコしはじめたタイミングで、な

◆オシッコチェック

採尿方法の1例。ネコに合ったものを選ぶ。

シリンジ(注射筒)

ウロキャッチャー。1本100円程度

るべく出はじめではなく**中間の尿**を、あらかじめ用意しておいた清潔な**紙コップ**(ひしゃく型に切る)やいらないプラスチック容器などを使ってキャッチします。ネコによっては尿が出る前にバタバタするとオシッコしないこともあるので、落ち着いてオシッコが出はじめるタイミングを待ちましょう。オシッコは清潔な密閉

容器に入れるか、**シリンジ**（針の付いていない注射筒。動物病院で購入しておくとよい）で吸い上げてキャップをし、そのまま持って行きましょう。尿を吸い込む採取用のスポンジ（**ウロキャッチャー**など）を動物病院やネット通販で購入することもできます。ウロはUrine（尿）からきています。採尿後は元のビニールパックに戻して持って行くだけです。

　なかには飼いネコでも、飼い主が近寄るとオシッコしないネコもいます。そんな場合は、トイレに敷くだけで尿を吸収してくれる市販の採尿シートを使ったり、裏返したペットシーツ（水分を吸いとらない面）やラップなどを利用して、たまったオシッコを**スポイト**などで採取するとよいでしょう。

　ふだんシステムトイレを使っているなら、オシッコは水分を吸収しないタイプの砂を通りぬけて、下のトレイ部分の吸収シートにたまるので、あらかじめシートを外しておき、トレイからオシッコを採取できます。

　採尿専用に開発された水をはじく性質のネコ砂（Kit4Catなど海外輸入）もありますが、採尿するときだけいつも使っているトイレをきれいに洗い、水分を吸収しないタイプの砂や清潔なアクアリウム用の砂利を少しだけ入れて代用することもできます。

🐾 尿検査は自宅でもできる

　「自宅で気軽にネコの尿検査ができれば……」と思っている飼い主は、動物病院に相談して**尿試験紙**を分けてもらうか、市販の尿試験紙（**ウロペーパー**など人用でOK）を使って、さまざまな項目（尿中のタンパク質、ブドウ糖、ケトン体、潜血、pHなど）の検査を自宅ですることもできます。採取した尿に試験紙を浸す、あるいは、スポイトなどで吸った尿を試験紙に直接かけて、所定

の判定時間に従って各測定項目の標準色調と比較する試験紙です。

ただし、尿はさまざまな要因に作用されるため、尿試験紙の検査項目によっては、間違った陽性反応が出ることもありますから注意してください。

さらにやる気のある方は、**尿比重屈折計**（ネット通販などではRHC-300ATC、200ATCなどを4,000円前後で購入可能）を使って、ネコの尿比重（＝尿の濃度）を簡単に測定できます。尿比重は腎臓の機能を評価する上で重要な項目で、尿を濃縮する腎臓の機能が低下したり、多飲・多尿になったりすると尿が薄くなるので、尿比重が下がります。健康なネコの尿比重はおよそ1.035〜1.060です。ただ、尿比重は水分を多く摂った後やドライフー

尿試験紙。使いたい場合は、動物病院に相談してみる。ケースの裏側には色の見方が記載されている

イヌ・ネコ用の尿比重屈折計。写真は「RHC-300ATC手持屈折計」。スポイトで2〜3滴の尿を先端のプリズム面に滴下し、（単眼鏡のような）接眼鏡を覗き、明暗の境界線の位置を読み取る

ドからウエットフードに替えると、いつもより低めになることもあります。尿比重値が1回ぐらい基準値からはずれてもあわてずに、なるべく同じ時間帯（できれば朝）に数日間続けて測定し、それでも繰り返し異常値が見られるようなら、かならず動物病院で検査してください。

　もちろん、自宅での尿試験紙や尿比重の検査で病気を確定することはできませんが、ネコにストレスがかからず、定期的に行えば体調傾向の大まかな目安となり、**泌尿器系の病気（慢性腎臓病、膀胱炎など）や糖尿病の早期発見**にとても役立ちます。

😺 ウンチのチェック

　ウンチもオシッコと同様、健康の大事なバロメーターです。日ごろからトイレ掃除の際にウンチの**状態**（色、形、量、硬さ、においなど）をチェックする習慣をつけておけば、小さな変化にも気づきやすくなります。ネコを複数飼っていると、どのネコのウンチか判断できないこともあるので、たまには「ストーカー」になってネコの排泄時の様子を観察し、排便後すかさずウンチをチェックするとよいでしょう。

　排泄時にネコがトイレで座る時間が長くなると、ウンチが出ないのかオシッコが出ないのかわからないことがあるかもしれません。ネコは排泄時にはしゃがんだ姿勢をとりますが、ウンチのときは、オシッコをするときよりも少し腰を浮かせてしっぽをやや高い位置に保ち、背中を弓なりに丸めて、背中とお腹を波打たせるような感じで排便します。

　排泄体勢が決めるまでやたらと時間がかかるネコや、前肢をかならずトイレの縁にかけるネコなど癖もあるので、日ごろからそのネコの排泄ポーズを知っておくとよいでしょう。

第 2 章　シニアネコの健康管理

　ネコは通常1日に1～2回の便をします。理想的なウンチは、人の人差し指ぐらいの量で細長くコロンとしており、茶色～濃い茶色で、表面にやや光沢があります。すくい上げたときに崩れたりせず、ほどよい硬さでしっとりしており、ウンチ以外のもの（血液、未消化の異物や寄生虫など）は混ざっていません。血便には2種類あり、赤い色の血液が混ざっている血便は大腸や直腸からの出血、タール便と呼ばれる黒っぽい便は、上部消化管（胃や小腸など）からの出血が疑われます。

　ウンチの状態は食餌の内容や水分摂取量、個々の消化吸収能力、体調、さらに環境の変化などによるストレスにも影響されます。ウンチがいつもと違うときは、**まず原因になにか心当たりがないか考えてみましょう**。消化吸収能力が衰えているときや、消化吸収率が悪いフードや高繊維質のフード（ダイエットフードなど）を食べた後はウンチの量が増えます。消化不良を起こしているとウンチはいつもよりくさくなります。

　ウンチがいつもより硬かったり軟らかかったりしていても、いつも通り食欲があり、元気そうであれば、2～3日様子を見てもかまいませんが、状態がひどくなったり、ほかの症状（血便、食欲不振、嘔吐、発熱、脱水状態、お腹を触られるのを嫌がるなど）が見られるようなら動物病院で診てもらいましょう。異常が見られるウンチは、診断がつきやすいように持って行くとよいでしょう。

　年とともに大腸のぜん動運動が不活発になるので、**シニア期に入るころにはネコは便秘になりがちです**。ウンチの体勢はオシッコの体勢よりも関節に負担がかかり、トイレで一生懸命に踏んばると体力も消耗するので、「たかが便秘」とあなどらず、初期のうちに自宅でできる対策を試してみましょう。くわしくは**3-8**を参照してください。

2-4 動物病院とじょうずにお付き合いする秘訣
～ポイントを押さえて自分の目で確認する

　人と同じで、ネコも年をとれば病気になることが増えます。それは誰のせいでもありません。シニアネコに多い病気になったということは、それらの病気にかかるほど長生きしてくれたということでもあります。

　病気になれば、動物病院での治療が必要になってきます。ネコの様子がおかしくなっても「もう少し様子を見て……」と迷ったり、あるいは忙しさにかまけて病状が悪化してから動物病院に駆け込み、結局ネコの体に負担がかかる治療が必要になることもあります。そうならないよう、**ネコが元気なうちから気軽に電話で問い合わせ可能な信頼できる動物病院や獣医師を見つけておくことが大切**です。

　はじめて予防注射や避妊・去勢手術をしたときの病院が、そのままかかりつけの病院になるのかもしれませんが、引っ越しなどの事情で新たに動物病院を探さなければならないこともあるでしょう。

🐾 自分の目で病院を確認する

　インターネットのクチコミやご近所の飼い主仲間からの情報も参考になりますが、個人的な感情によるものや獣医師との相性もあるので、やはり（健康診断もかねて）**動物病院に足を運び、あらかじめ自分の目で評価する**ことをお勧めします。獣医師の知識量や技術が重要であることはいうまでもありませんが、その人柄やネコへの接し方（清潔さ、スタッフの対応など含めた）、動物病院全体の雰囲気などは、実際にその場にいないと判断できません。

　以下、よい動物病院を選ぶポイントを挙げてみます。

第2章 シニアネコの健康管理

- 獣医師が勉強熱心で、十分な知識量や技術がある
- 五感を使った診察（視診、触診、聴診）や問診を怠らない
- ネコの扱いが上手
- 病気の原因、必要な検査、治療法（治療の選択肢や薬の効果、副作用なども）、かかる費用についても、そのつどわかりやすく説明してくれる
- 飼い主の話をしっかり聞き、質問に対してもていねい・的確に答えてくれる
- 飼い主の意思を尊重する
- 病院が清潔で衛生的、医療設備がある程度整っている
- 必要もないのに入院させない
- 病院が家から通いやすい
- 診察時間以外（緊急時）に対応、あるいは対応している他の病院を紹介してくれる
- 必要に応じて専門医や高次医療機関を紹介してくれる
- 料金が明朗で法外な治療費を請求しない

「ネコにとってストレスになるので……」と動物病院に連れていくことを躊躇する飼い主も多いのですが、**連れて行かなければネコのストレスは増すばかり**です。ストレスを軽減するために、ネコだけの診察時間やネコ専用の待合室を設けたり、最近はネコだけを診るネコ専門の動物病院も増えています。国際ネコ医学会（ISMF）が作成した、ネコ診療におけるさまざまな基準（ネコの扱い方や動物病院の設備など）を満たした**キャット・フレンドリー・クリニック**という認定も、ネコにやさしく質の高いネコ医療を提供してくれるかどうかの目安になります。

近年は獣医療も人医療と同様、高度になり、専門分野のニーズが

高まっています。ある分野の専門知識が豊富な獣医師(専門分野の認定医や専門医)がいたり、高度な医療設備を備えた動物病院(高次医療機関)、またそれらの病院との連携態勢が整っている病院も今後増えていくでしょう。自院では手に負えない場合、**必要に応じて専門医やほかの動物病院を的確に紹介してくれる病院なら安心**できます。

　治療を進めていくには、ペットの代弁者あるいは保護者ともいえる飼い主と獣医師との信頼関係が欠かせません。疑問や不安があれば遠慮せずに質問しましょう。たとえばインターネットでネコの闘病記を読んで「なぜ同じ治療をしてくれないのだろう?」と疑問に思ったら質問してみましょう。同じ病気でも動物病院によって治療法が多少異なったり、ネコ1匹1匹の全身状態によって治療法が違ってくることもあります。信頼できる獣医師ならきちんと説明してくれるはずです。

　付き合っていくうちに「この先生ならホームドクターとして信頼できる。大切な家族の一員であるネコの治療を安心して任せられる」という関係ができていけばいうことはありません。

🐾 気を遣わずにセカンドオピニオンを受ける

　どうしても納得できない点があったり、迷いがあったりするときは、焦って決める必要はありません。**セカンドオピニオン(ほかの獣医師の意見)** を聞くこともできます。「かかりつけの先生が気を悪くするのでは……」などと悩む必要はありません。正直に話し、これまでの検査結果・治療内容の記録のコピーをもらった上でセカンドオピニオンを受けると、無駄な検査をする必要もなく、話が円滑に進みます。もちろん、かかりつけの獣医師が専門医を紹介してくれることもあるので、まずは相談してみましょう。

第 2 章 シニアネコの健康管理

セカンドオピニオンは、飼い主が最も納得できる治療方法を選択できるように複数の獣医師の意見を聞くことで、かかりつけの獣医師への不信感から動物病院を変えること(転院)とは異なります。

治療が長期に及び、時間的・経済的な負担が大きくなることもあります。治療費が払えないから動物病院に連れて行けないという最悪の事態にならないように、**ペット保険**(新規加入には年齢制限があったり、加入時に治療中の病気の治療費は補償されないなど、条件は保険会社によって違うので注意)に加入することを検討するか、ネコと暮らしはじめたら毎月少しずつ**ネコ貯金**することをお勧めします。そして、もし治療費が足りなくても、分割払いにしてもらう、支払い期限を延ばしてもらうなどの解決策がないか相談してみましょう。

「ネコにやさしい動物病院」認定のロゴ。キャット・フレンドリー・クリニック
イラスト提供:isfm

2-5 年に1度の健康診断を勧めるワケ
～異常ありでも早期治療可能

　健康診断や人間ドックなどで定期的に健康チェックをする人がいる一方、健康診断などせずに「具合が悪くなったら医者に行けばいい」と考える人もいます。人の健康診断の有効性をめぐっては賛否両論あるように、ペットに対する健康診断の考え方もさまざまです。ただ、人の場合は自分で選択できるのに対して、ペットの場合は飼い主に決断が委ねられています。

　「ネコにストレスがかかってかわいそうなので、動物病院にはなるべく連れていきたくない」と考える飼い主の気持ちはわかりますが、健康診断には、**現在のネコの体の情報を得て、健康状態を評価するという大切な役割**があります。ネコにも個体差があるので、そのネコの健康時の状態を把握し、検査数値を以前の検査値と比較することに大きな意味があります。

　たとえば血液検査では、それぞれの検査項目に**参考基準値**がありますが、基準値にはかなり幅があり、基準範囲内から多少はずれても、そのネコにとってはそれが「正常」であったり、病気でも検査結果がギリギリで基準範囲内に収まる可能性もあります。

　また、検査値によってはストレスの影響で数値が上昇することもあるので、健康時に検査したことがなければ「ストレスから検査の数値が上がっているのか？」「ふだんから数値が高めなのか？」「病気なのか？」が判断しにくいこともあります。そんなとき、ふだんから検査値が高めだとわかっていれば、余計な検査をしなくてすむこともあります。

　ネコはなかなか病気のサインや痛みを表に出さない**我慢強い生き物**なので、検査結果はネコの健康状態を評価し、病気の予防・

第 2 章 シニアネコの健康管理

早期発見をする上でとても役立ちます。一見、元気そうに見えても、身体検査や血液検査をしないとわからないことも多くあるからです。症状が顕著に表れたときには、病気がすでに進行していることも少なくありません。

自宅での健康チェックと並行して、ネコも中年期に入るころには少なくとも、**年に1度の健康診断**をお勧めします。日ごろから気になっていることを獣医師に相談するよい機会でもあります。異常がないことがわかれば安心でき、異常が見つかれば早めに対処することで、ネコの**生活の質（QOL：Quality Of Life）の向上**が期待できます。

検査項目に規定はありませんが、7歳以上のネコの健康診断では、一般的な身体検査（問診、聴診、視診、触診、体温・体重測定など）、尿検査、甲状腺ホルモン値を含めた血液検査、血圧測定をするのが一般的です。それらの結果やネコの健康状態に応じて、さらなる検査（X線検査、超音波検査、心臓超音波検査など）が必要になることもあります。ネコの年齢や性格、健康状態や体にかかる負担、飼い主の経済的な負担も考慮しながらかかりつけの獣医師と相談して決めましょう。検査の内容や料金は動物病院によっても違うので、事前に聞いておくと安心です。血液検査結果のコピーは自宅に持ち帰って保管し、健康管理に役立てましょう。

血液検査

健康診断で健康時の検査値を知っておくことも大切。
一見元気そうに見えても
血液検査しないと
わからないことが多くある。

2-6 動物病院へ連れて行くコツ
～キャリーバッグに慣れてもらう

　私たちが病院に行くときに不安を感じるのと同じで、動物病院に連れて行かれるのが好きなネコは、まずいません。しかし、定期的に（健康診断などで）動物病院に行く機会のあるネコは「動物病院に行っても、またすぐに家に帰れる」ことを理解し、よほど嫌なことがないかぎり、動物病院に行くことをあまり嫌がらなくなってきます。

　ネコにあまりストレスがかからないように配慮した動物病院があることは2-4で述べましたが、動物病院に行くまでにストレスがなるべくかからないように準備することも大切です。「今日は動物病院に連れて行く日だ！」と飼い主自身があまり意気込むと、**ネコはただならぬ気配を感じ取って、逃げの態勢に入る**こともあります。

　まずは、**移動用のキャリーバッグに慣れてもらう**ことからはじめましょう。キャリーバッグは、動物病院へ連れて行くときにかぎらず、災害時やネコを預けるときにも活躍します。キャリーバッグにはさまざまな種類のものがありますが、大きさはネコが中でクルッと回れるぐらいの大きさがあれば十分です。素材は、簡単に洗えて清潔に保つことができ、しっかりとしたつくりのプラスチック製キャリーバッグがよいでしょう。飼い主が扱いやすく（持ちやすく）、上下に開き、前面にも扉のあるタイプのキャリーバッグなら、動物病院での診察時にも便利です。

　キャリーバッグは、なにげなく部屋の中に置いて、お気に入りのタオルなどを敷き、おもちゃを入れる、おやつをあげるなどして、ネコがくつろげるように**日ごろから慣らしておきましょう**。

第 2 章　シニアネコの健康管理

キャリーバッグの扉は開けておきますが、扉を閉めてもパニックを起こさないように、扉を開け閉めしてもリラックスしていられるように練習しておくとよいでしょう。

ネコは動物病院で診察されるときはキャリーバッグからなかなか出たがらず、検査や治療が終われば、そそくさと自らキャリーバッグに入ります。安心できる場所であることがわかります。

キャリーバッグは日ごろからリラックスできる場所にしておく。前面にも扉があり、上下にも開くタイプだと、簡単な検査ならネコがキャリーに入ったままでもOK

🐾 「車に乗ることは楽しい」と学習させる

　車での移動中に、ネコが不安な気持ちになって鳴き続けたり排泄することがあるかもしれませんが、声をあげて叱ったり、不安な気持ちで慰めたりすると、かえってネコの不安をかき立てることになります。なるべく声はかけずに、あくまでも**落ち着いた穏やかな態度**で接しましょう。静かな音楽を流すとリラックス効果をもたらすこともあります。

　車に乗るとパニックになるネコには、**車に乗ることが嫌なことではなくよいことであると関連づけられるように練習**しておくのもよいでしょう。ネコをキャリーバッグに入れて短時間（30秒ぐらいから）車に乗せ、家に連れ戻り、好きなおやつをあげたりなでてあげたりしてほめる——それを時間のあるときに繰り返します。そして、車に乗っている時間を少しずつ延ばしていきます。

　また、ネコの顔から分泌されるフェロモン（F3成分）に類似した化合物を配合した**フェリウェイ**（Feliway）という製品には、ストレスを軽減し、ネコを落ち着かせる効果があります。効果には個体差がありますが、出発する20分ほど前（ネコを入れる前）に、キャリーバッグに入れたタオルにスプレーしておくとよいでしょう。

　動物病院に着いたらなるべく振動がないようにキャリーバッグを持ち、待合室では（イスの上など）**少し高い場所**に置いてあげるほうがネコは落ち着きます。臆病なネコならふだん使っているタオルなどでキャリーを覆っておくほうが安心します。

　自宅まで往診してくれる獣医師もいますが、ネコは自宅よりも動物病院で検査を受けるほうが意外と神妙にしているものです。誰にでもフレンドリーなネコなら問題ありませんが、訪問者が来ると隠れて出てこないような臆病なネコの場合は、安心できるはずの自分のテリトリーで無理やり押さえられたりすれば、簡単な

検査であっても大きなストレスがかかり、ネコの臆病な性格が悪化することにもなりかねません。家(自分のホームテリトリー)はあくまでも動物病院から戻って「ほっと一息つける」場所であるべきでしょう。

フェリウェイスプレー。キャリーバッグにフェリウェイをスプレーしておくとリラックス効果が期待できる。フェリウェイスプレーは、動物病院やインターネットで購入できる(3,000円前後)

2-7 病気のサインを見逃さない
～「微妙なおかしさ」は飼い主だからわかる

「年をとる」ことは「病気になること」ではありません。しかし、人と同じで、年をとれば臓器の機能や免疫力が徐々に低下して、病気になることが多くなります。とりわけ慢性の病気にかかりやすくなり、複数の病気を併発することも珍しくありません。

日ごろは活動的な若いネコが急にジッとうずくまっていれば、変化にも気づきやすいですが、年をとったネコは寝ている時間が長く、活動も低下するため、「年だから……」と、その変化に気づきにくくなります。

また、見た目に明らかな症状──たとえば、「急に立てなくなる」「頬が腫れて出血している」など──であれば、飼い主は急いで飼いネコを動物病院に連れて行くと思いますが、慢性の病気の症状は「あまり動かない」「体重が減った」「食欲が落ちた」など、**老化のサインか病気のサインか区別が難しいことが多いのも**事実です。

老化にともなうネコの行動の変化で「ネコの影が薄くなってくる」と書きましたが、ネコの存在が目立たなくなってくることが、あまりにも顕著になってきてはじめて、「ネコがおかしい」と気づくことも多いのです。

🐾 「いつもと違う様子」に注意

自宅での健康チェックや動物病院での健康診断が大切であることはお話ししましたが、なんといっても日ごろ、**ネコと一緒に暮らす飼い主の日々の細やかな観察が、病気の早期発見**につながります。

第 2 章　シニアネコの健康管理

　病気のサインは、まず見た目や行動の変化として現れ、その微妙な変化に気づいてあげられるのは、ネコと暮らす飼い主だけです。「いつもと様子が違う」と感じたら、小さなことであっても、かかりつけの獣医師に相談してみましょう。すぐに動物病院に行けなくても、電話で問い合わせてみることで不安が解消されることもあります。

　当たり前のことですが、動物病院で適切な検査をして正確な診断がついてはじめて、病気の治療方針や予後の見通しなどを立てられます。治療に際しては、嫌な症状を緩和し、できるかぎり苦痛を減らし、ネコの日常生活における生活の質を保つことをいちばんに考えます。そして、ネコ自身の自己治癒能力（生命力）を尊重しながら、できる範囲で、その時々に最適な治療方法を、かかりつけの獣医師とともに選択していくことになります。

　ネコが病気になれば不安な気持ちになることもあるでしょうが、飼い主が心配するあまり暗い顔をしていると、ネコにもそれが伝わってしまいます。1人で思いつめたりせず、家族や、同じ立場のネコ友達と話し合ったり、たまには気持ちを切り替えてストレスを解消することも大切です。

　次の章では、特にシニアネコに多い病気を挙げて、その症状や治療法などについてわかりやすく解説していきます。**病気について予備知識があれば、病気の早期発見にもつながります。**また、動物病院で説明を受けるときにも頭に入りやすく、質問したい内容などを整理できるでしょう。

図　病気の早期発見

ポイント1	ポイント2	ポイント3
飼い主による日々の細やかな観察	自宅での健康チェック	動物病院での健康チェック

COLUMN2 ネコの多頭飼いをお勧めするワケ

　ドイツでネコを迎え入れる場合、多くはティアハイムと呼ばれる動物保護施設やブリーダーを通したり、ネット掲示板などを利用したりします。子ネコは通常、生後12週間まで親兄弟ネコとともに過ごした後に譲渡されますが、譲渡条件として「単独飼いはダメ」、特に子ネコを(数匹いる中から)譲渡するときは「2匹以上、一緒に」、あるいは「現在、ネコがいる家庭にのみ譲渡」という条件が付くことが増えてきました。

　単独行動をするので、これまで「社会性が乏しい」と考えられていたネコですが、最近は**多頭飼いが推奨**されています。ネコが人と暮らすうちに、人や仲間のネコとうまく共同生活できる社会性のある動物であることがわかってきたのが大きな理由です。

　また、飼い主の生活スタイルが変わってきたこと(単身世帯や完全室内飼いの増加)も大きく影響しています。ネコ同士が触れ合うことで、**ネコの行動ニーズ**をより満たせます。

　多頭飼いするとネコ1匹1匹のキャラクターの違いに驚いたり、ネコ同士が披露する仕草に思わずなごんだりする時間も増えます。もちろん、飼い主の住宅事情や生活スタイル、多頭飼いのメリット・デメリットを十分に考慮した上で決める必要があります。

　これまで長年、単独で暮らしてきたネコに仲間のネコを迎えることはお勧めしませんが、これから子ネコ(特に兄弟・姉妹ネコの中から)を迎えようと思っている方は、もし可能ならば2匹一緒に迎えることもぜひ検討してみてください。ネコの数が増えればその分、かかる出費や責任も大きくなりますが、ネコと飼い主の幸せ度は、それ以上に大きくなると思います。

第3章 シニアネコが かかりやすい病気

3-1 慢性腎臓病
～早期治療で病気の進行を防ぐ

🐾 どんな病気？

慢性腎臓病は、すべての年齢において発症しますが、7歳を過ぎるころから発症率はぐっと増え、7～10歳のおよそ12%、10～15歳では30%以上のネコが慢性腎臓病であるとも報告されており、**シニアネコの代表的な病気の1つ**に挙げられます。

ネコの祖先はもともと砂漠出身で、水の少ない環境で生き延びるために、必要な水分量の大半を獲物の体から摂取し、水分を無駄にしないようなるべく再吸収して、濃縮された少量の尿をつくる体の仕組みになっています。血液をろ過して尿をつくる腎臓の働きを担っている構造単位は**ネフロン**と呼ばれ、ネコでは1つの腎臓に約20万個(イヌは40万個、人は100万個ほど)のネフロンがあります。少ない数のネフロンで密度の高い仕事をこなさなければならないネコの腎臓には負担がかかり、年とともにダメージを受けるネフロンの数が増えていきます。このような理由から、ネコは腎臓病になりやすいのではと考えられています。

ネフロンは、毛細血管が毛糸玉のようになった**糸球体**(しきゅうたい)、それを包む**ボーマンのう**という袋と尿細管で構成されています。血液をろ過して必要なものだけを残し、老廃物など不要なものは**原尿**としてこし出し、さらに原尿の中に残っている必要な成分や水分は尿細管で再吸収され、最後に残った老廃物が尿として排泄されます。このように、腎臓は尿をつくり、不要な老廃物や余分な水分を排泄し、体の水分や電解質(ナトリウム、カリウム、カルシウム、リンなど)の量が一定になるように調整します。ほかにも血圧の調節、赤血球をつくるホルモンの分泌、ビタミンDの活性

化などの役割を担っています。

慢性腎臓病の原因としては、さまざまな理由による腎臓の部位の炎症（腎炎）や、腎毒性物質による腎障害、ウイルス感染（ネコモルビリウイルスやネコパラミクソウイルス）や歯周病との関連性も指摘されていますが、はっきりした原因は明らかになっていません。ネコ種の中では、シャムネコ、アビシニアン、ペルシャ、バーミーズ、メインクーンなどが、**先天的な腎疾患による慢性腎臓病のリスクが高い**と報告されています。

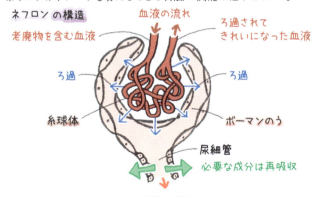

老廃物を含んだ血液は糸球体でろ過される。ボーマンのうにたまった老廃物を含む尿のもととなる原尿が尿細管を通るときに、原尿の中に残っている必要な成分は体の中に再吸収され、老廃物を含む最後に残った液体が濃縮され、尿となって排泄される

腎障害/腎機能の低下が3カ月以上持続する状態を慢性腎臓病、病気がさらに進行して腎臓の機能が著しく低下した状態を**慢性腎不全**と呼びます。ネフロンの一部がダメージを受けても腎機能には大きな予備力が備わっているので、慢性腎臓病はゆっくりと進行し、**腎機能が正常時の3分の1ぐらいになったあたりでさまざまな支障**が出てきます。

😺 よくある症状は？

多くの症状は、表のステージ②〜③に入ってから顕著に現れます。
- 多飲/多尿　・食欲不振　・体重減少　・嘔吐　・下痢/便秘
- 脱水　・筋力低下（前肢カクカク、首が下がった姿勢）
- 歯周病（口臭）　・口内粘膜が蒼白い
- 毛づやが悪く毛がパサつく　・元気がない（あまり動かない）
- けいれん発作（末期）

😺 診断は？

腎機能が低下すると、本来保持されるべき物質（タンパク質、ブドウ糖など）が尿から失われ、排泄されるべき物質（クレアチニン、尿素窒素、リンなど）が排泄されずに血液中に蓄積されます。これらを評価するために、まず**尿検査**と**血液検査**を行います。

尿検査では尿タンパク（尿中タンパク/クレアチニン比[※1]）や尿比重の低下（**2-3**参照）が重要な指標になります。腎臓のろ過機能（ネフロン糸球体が単位時間あたりにろ過できる量）を評価するGFR（糸球体ろ過率）検査は、何度も繰り返し採血する必要があるのでかならずしも行われておらず（ネコに負担がかかるため）、血液検査でGFRと相関関係のある値を評価します。通常、これは血中のクレアチニン（Cre）や尿素窒素（BUN）の濃度ですが、

※1　尿中タンパク/クレアチニン比は1日の尿タンパク量に相当

Creは筋肉量、BUNはタンパク質摂取量や肝機能にも影響され、腎機能が正常時の25～30％に低下した時点で上昇します。

近年、シスタチンCや対称性ジメチルアルギニン（SDMA）などの検査項目が、より早期の段階で上昇すると期待されています。SDMAは腎機能がおよそ60％に低下した時点（ステージ①）で上昇するので、腎機能低下の早期発見の一助になると期待されており、2016年より検査が可能になりました。

ほかには、画像検査（X線検査や超音波検査）で腎臓の形や構造の異常を見たり、血圧測定（**3-9**参照）をしたりします。腎機能が低下すると、糸球体にかかる圧力（血圧）を上げて、ろ過機能を上昇させようとするからです。最終的には臨床症状とすべての検査結果をもとに総合的に診断します。

表　ネコの慢性腎臓病のステージ分類

ステージ分類	① 慢性腎臓病初期	② 初期腎不全	③ 尿毒症性腎不全	④ 末期腎不全
残存している腎機能（％）	33～100	25～33	10～25	0～10
よくある症状		多飲・多尿、嘔吐・食欲不振、体重減少	元気消失、貧血	
高窒素血症※2	なし	軽度	中程度	重度
血中クレアチニン濃度（mg/dl）	<1.6	1.6～2.8	2.9～5.0	>5.0
尿中タンパク/クレアチニン比	<0.2	0.2～0.4	>0.4	
収縮期血圧（最高血圧、mmHg）	<150	150～159	160～179	>180
その他の臨床症状や合併症	尿濃縮能が低下（尿比重が下がる）、蛋白尿、腎臓の触診/画像に異常	低カリウム血症、副甲状腺機能亢進症	尿毒症性胃炎、貧血、代謝性アシドーシス、骨痛	
危険度	最小リスク	低リスク	中程度リスク	高リスク

※2　高窒素血症：血中クレアチニンや尿素窒素値が正常範囲より上昇している状態
参考：国際獣医腎臓病研究グループ（IRIS：International Renal Interest Society（2013））

🐾 治療法は？

ダメージを受けたネフロンが新しく形成されることはないので、治療の目的は症状を緩和して食欲を安定させ、病気をできるだけ進行させないようにすることです。定期的な検査で全身の状態を見ながら、食餌療法、水分補給、薬の投与などを組み合わせます。タンパク尿、血漿(けっしょう)クレアチニンやリンの濃度の上昇、高血圧や体重減少は、慢性腎臓病を悪化させるリスク因子と考えられているので、これらを防ぐことに重点を置きます。

まずは、**療法食**と**十分な水分摂取**です。慢性腎臓病の療法食はリンとタンパク質の量が制限されており、適度なタンパク質制限はネフロンの破壊を促進するタンパク尿の軽減、そして体内のタンパク代謝老廃物の蓄積を減らして、高窒素血症を軽減することにつながります。療法食はほかにも、ナトリウムの制限、高い消化性、抗酸化物質（ビタミンC、ビタミンE、ベータカロテンなど）、オメガ3脂肪酸、カリウムやビタミンB群の強化など、腎臓を保護するように工夫されています。慢性腎臓病と診断されてステージ②〜③の状態で療法食を食べたネコのほうが、通常の総合栄養食を食べたネコに比べて生存期間が長かった（およそ2倍）という調査データもあります。

とはいえ、最良の療法食を与えても、ネコが食べてくれなければどうしようもありません。また、療法食を無理強いして、ネコが食欲を落としてしまうようなことがあれば本末転倒です。腎臓療法食はさまざまなメーカーから出ているので、**ネコの嗜好に合ったものを探しましょう**。食べてくれない場合は、**4-5**も参考にしてみてください。

腎機能が低下すると、水分を再吸収する能力が低下するため多尿になり、それを補うためにネコは水をたくさん飲むようにな

ります。脱水状態は慢性腎臓病を悪化させるので、ネコがいつでも新鮮な水を飲めるよう配慮しましょう。療法食にはドライとウエットタイプのものがありますが、ドライフードならお湯でふやかしたりしましょう。**ネコが好むなら水分を多く含むウエットタイプのほうが水分を多く摂取**できます。**4-6**も参考にしてみてください。

　重度の脱水状態が認められたら、動物病院で静脈点滴や皮下輸液によって水分補給と電解質バランスの調整をします。皮下輸液は、飼い主が獣医師から説明を受けて自宅で行うこともできます（**5-6**参照）。

😺 ホメオスタシスを維持する

　慢性腎臓病では血中のカリウム濃度が下がる低カリウム血症になるネコが多く、筋力低下（前肢がカクカクする、首が下がった姿勢）などの症状が出ることがあるので、**カリウム補給で調節**します。腎臓の負担を少なくするために、血圧を調節する薬（セミントラやフォルテコールなど）を使用することもあります。ネコの慢性腎臓病治療薬として2017年に発売となった**ラプロス**という薬は、血管拡張や慢性炎症を抑えることで腎機能低下を抑制する効果があると期待されています。新しい薬なのでデータが少ないため、今後の報告に注目したいですね。

　血液中のリンの濃度が下がらない場合は、食餌中に含まれるリンを腸などの消化管で吸着して、便と一緒に排泄する**リン吸着剤**（レンジアレン、カリナール1などの健康補助食品）があります。コバルジンは、人医療で慢性腎不全の進行を遅らせる薬として日本で開発された薬（クレメジン）と同じ成分の、ネコ用活性炭吸着剤です。腸内で老廃物（有害物質）を吸着し、便とともに排泄

させる効果があります。欧米では現在のところ使用されていません。植物性活性炭のネフガードはペット用の健康補助食品です。2016年より日本で購入可能になった**イパチキン**という健康補助食品は、食物中のリンと老廃物を消化管内で吸着する効果があります。ドイツではほかの治療と併用して、数種類のホモトキシコロジー製剤（ヘール社）を組み合わせて投与する「ホモトキシコロジー」という代替療法も積極的に取り入れられています。

　そのほか、腎機能障害による合併症（貧血、腎性副甲状腺機能亢進症、尿毒症性胃炎、代謝性アシドーシス）の予防や治療も、必要に応じて行います。たくさんの薬や健康補助食品がありますが、なんでもかんでも症状を抑えればよいというわけではなく、ネコの様子を見ながら**体内の全体のバランス**（ホメオスタシス）、そして**苦痛や不快感のない生活**を維持できるようなバランスのとれた治療を目指すことが大切です。

　体にたまった老廃物を腹腔内から排除する、特別な透析機器の必要がない**腹膜透析**を行っている動物病院もあります。さらには、人医療で行われている人工透析（血液透析）と同様の設備のある動物病院や、腎臓移植（健康なネコから腎臓を1つ提供してもらいます）を行う動物病院もあるようです。考え方はいろいろありますが、かかる高額な費用はともかく、腎臓移植に関しては倫理的な問題が問われるところです。

　慢性腎臓病はシニアネコに多い病気なので、飼い主が日ごろからネコの様子（多飲・多尿など）に注意し、自宅でも**尿チェック**（**2-3**参照）や**体重チェック**をすることが**病気の早期発見**にもつながります。腎機能の低下によって腎臓の糖排泄閾値（**3-2**参照）が下がり、正常血糖値であっても糖が尿中に漏れ出すことがあります。

第 3 章 シニアネコがかかりやすい病気

　自宅での尿試験紙検査（1回ではなく数回検査）でタンパク質やブドウ糖が検出されたり、尿比重検査で尿比重が下がったり（1.035以下）する傾向があれば動物病院に相談しましょう。

　もちろん、動物病院で年に1度、定期検診（尿検査、血液検査、血圧測定）を受けることができればいうことはありません。すでにネコに食欲がなく、やせて元気がない状態では、できる治療がかぎられてくるので、早期に治療をはじめることが大切です。

① 療法食（腎臓を保護するように工夫されているフード）を与える

② 脱水状態の緩和（あちこちに水飲み場を設けたり、状態によっては輸液治療したりする）

③ 吸着剤でリンや老廃物を排出

④ 合併症（高血圧、貧血、低カリウム血症など）の予防や治療

⑤ 定期的な検査で経過観察

慢性腎臓病治療をまとめた。療法食と水分補給が重要なポイントとなる

3-2 糖尿病
～食餌療法とインスリン療法が治療の「2本柱」

🐾 どんな病気？

糖尿病は甲状腺機能亢進症（**3-3**参照）と並んで現在、中高年～シニアネコに最も多い内分泌系の病気に挙げられます。統計によると糖尿病の発症リスクが高いのは、7歳を過ぎてから（ピークは10～12歳）、肥満気味のネコ（リスク4倍！）、性別はオスと報告されています。

ブドウ糖（グルコース）は体にとって重要なエネルギー源で、血液に含まれて体の隅々の細胞に送られ、細胞内でエネルギーとして利用されます。血液中のブドウ糖の濃度（血糖値）を一定量に保つ鍵を握るのが**インスリン**というホルモンです。

すい臓のβ細胞でつくられるインスリンは、血糖値が上がるとそれをすばやくキャッチして、臓器の細胞膜にあるインスリン受容体と結合し、細胞の中にブドウ糖を取り込んだり、過剰なブドウ糖を肝臓、筋肉、脂肪組織に蓄えたりすることで、血糖値を一定量に保ちます。分泌されるインスリンの量が少なかったり、分泌されてもうまく働かずに血糖値の高い状態が続いたりする疾患を**糖尿病**と呼びます。

すい臓のβ細胞の異常によりインスリン分泌が不足する場合を**1型糖尿病**、インスリン分泌不足に加えて、インスリンが標的とする細胞の受容体に十分作用せず（＝インスリン抵抗性が生じる）血糖値が下がらない場合を**2型糖尿病**と分類します。インスリン抵抗性の原因としては遺伝的要因（バーミーズ、メインクーン、ロシアンブルー、シャムネコがほかの種より多い）と、肥満、運動不足などの環境的要因が挙げられます。ネコでは1型糖尿病はまれで、

2型糖尿病が全体の70%以上を占めます。

このほか、1型にも2型にも属さないほかの病気、たとえば、膵炎、膵臓腫瘍、副腎皮質機能亢進症、アクロメガリー（成長ホルモンの過剰分泌による疾患）や、ステロイド剤投与が原因で2次的に糖尿病を発症することもあります。

糖尿病になると、エネルギー源のブドウ糖が十分あるにもかかわらず、体の細胞の中に取り込まれず、細胞はエネルギー不足に陥ります。血糖（血液中のブドウ糖）は、血糖値が高い状態が続くとすい臓のβ細胞に対して毒性を示し（糖毒性）、β細胞の細胞群には**アミロイド**という異常タンパクが蓄積されて、その結果β細胞がダメージを受け、ますますインスリンの分泌が困難になります。

高血糖状態が長期化すると、体はブドウ糖の代わりに筋肉や脂肪からエネルギーを調達しようとし、脂肪や筋肉の分解が起こり、**食べてもやせる**という現象が起こります。さらに、分解された筋肉のアミノ酸はブドウ糖につくり変えられ、血糖が上昇するという悪循環に陥ります。

また、分解された脂肪から**ケトン体**という物質が代用エネルギ

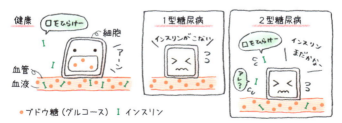

健康な状態ではインスリンが細胞の受容体に作用して、ブドウ糖（グルコース）が細胞に取り込まれ、エネルギーとなる。1型糖尿病はインスリンの分泌が不足する。2型糖尿病はそれに加えて、インスリンが細胞の受容体に十分作用しなくなる

一源として生成され、弱酸のケトン体が血液中に増えると、**ケトアシドーシス**という非常に危険な状態になります。

🐾 よくある症状は？
- 多飲/多尿　・食欲増加
- 体重減少、筋肉減少（食べるにもかかわらず）
- 毛づやが悪い
- 神経障害（後肢のかかとを地面に付けて歩く）

病気がさらに進行すると、**糖尿病性ケトアシドーシス**になり、以下のような症状が現れることもあります。
- 食欲不振　・嘔吐　・下痢
- 脱水状態　・元気消失　・低体温
- 発作　・昏睡

🐾 診断は？

　症状と**血液検査**、**尿検査**でおおよその診断がつきます。血液検査では、空腹時の血糖値が高い状態（200mg/dl以上）が続きます（基準参考値は70〜150mg/dl）。同時に、肝臓疾患の指標となる数値（ALP、ALT＝GPT、総コレステロール値など）も上昇することが多いです。

　しかし、単に「血糖値が高い」というだけで糖尿病と診断することはできません。血糖値は測定時の瞬間的な値を示し、ネコはストレスや食餌の影響を受けやすいため、糖尿病でなくても高い血糖値（ストレス性高血糖で500mg/dl近くまで上昇することも！）を示すことがあるからです。

　このため、診断が難しい場合は、ストレスのない状態で血糖値

第3章 シニアネコがかかりやすい病気

健康なネコ
かかとが上がっている

糖尿病の末梢神経症
後肢のかかとをぺたんと付けて歩く

糖尿病特有の末梢神経症になると、後肢のかかとをぺたんと付けて歩く。ジャンプできなくなるので、爪を含めた前肢をフルに使って高いところによじ登ろうとする。なお、オスの肥満ネコは糖尿病になるリスクが高い

を測定しなおすか、一時的なストレス性高血糖の影響を受けない過去1〜3週間の平均血糖値を反映する、血液中のフルクトサミンやグリコアルブミンの検査値を評価します。

尿検査では試験紙を使って尿糖やケトン体の出現を確認、場合によっては尿の細菌検査（尿路感染を併発していることも多いため）もします。血糖値がある値を超えると、腎臓で再吸収しきれなくなったブドウ糖が尿中に漏れ出ます。この血糖値は腎臓の糖排泄閾値（腎閾値）と呼ばれ、ネコによって個体差がありますが、通常250〜290mg/dlです。血糖値が腎閾値以下であれば、尿中に糖はほとんど排泄されず、血糖値が腎閾値を超えると糖が尿中に排泄されて尿糖が陽性になります。尿検査（尿糖や尿中ケトン体）は尿試験紙を使って自宅でもできます（**2-3**参照）。

🐾 治療法は？

通常、**食餌療法**と**インスリン療法**の2本立てで治療を進めていきます。1型糖尿病がインスリン療法を必要不可欠とするのに対して、2型糖尿病では適切な治療でインスリンから離脱、すなわち糖尿病の寛解（かんかい）（症状がほぼ消失する状態）が望めるケースも少なくありません。血糖値が安定するまで（通常1〜4カ月）は頻繁な検査が必要になるので、かかるおおよその費用や合併症（低血糖症、ケトアシドーシス、末梢神経症状など）について、かかりつけの獣医師から十分に説明を受けましょう。糖尿病は、血糖コントロールがうまくいけば、予後も良好です。**飼い主が自宅でどの程度管理できるかが大きな鍵**を握ります。

● 食餌療法（糖尿病食）

炭水化物を多く含むフードは食後の血糖値を急激に上昇させるので、血糖値のコントロールには、**低炭水化物・高タンパク質に調整された糖尿病食**や**穀物類不使用のフード**が適しています。フード（ドライフード、ウエットフード）は、さまざまなメーカーから販売されていますが、ネコが好んで食べるフードに時間をかけて少しずつ切り替えましょう。食欲がなく糖尿病食を嫌がって食べてくれないネコには、糖尿病食ではなくても、ネコが好んで食べるフードを選ぶことが大切です。ラベルの記載事項（成分表示や原材料の穀物など）を見て、なるべく低炭水化物・高タンパク質のフードを選びましょう。

糖尿病食でなくても、通常、ウエットフードはドライフードよりも高タンパク質・低炭水化物につくられているので、ネコが好んで食べるなら総合栄養食の**ウエットフードのほうが糖尿病のネコには適しています**。食物繊維やアミノ酸の一種であるタウリンを

多く含むフードのほうが食後の血糖値を安定させる効果があるとの研究報告もあります。

しかし、併発疾患（慢性腎臓病など）があったり、太りすぎ、やせすぎのネコには、それも考慮したフードを選ぶ必要があります。食餌は血糖値に大きく影響するので、食餌の内容（成分や摂取カロリー）、時間や回数になるべく大きな変化がないように心がけます。血糖値の急激な上昇を抑えるためには、1日の量を数回に小分けにして与えるほうが望ましいです。食餌のタイミングはインスリン効果の持続時間や飼い主の生活サイクルも考慮する必要があるので、かかりつけの獣医師と相談しましょう。

● インスリン療法（血糖値のコントロール）

インスリンで**正常な血糖値を維持する**ことが、すい臓の β 細胞の機能を回復させてインスリン分泌を促し、糖尿病の寛解につながります。

インスリン製剤は、たとえば、グラルギン（ランタス）、デテミル（レベミル）などの種類があり、作用の強さや効果の持続時間が違います。かかりつけの獣医師はネコに最も適したインスリンの種類や投与量を決めるために、インスリン投与後、定期的な間隔（2時間ごとなど）で血糖値を測定し、血糖値の変動をもとに**血糖値の曲線を作成**します（72ページのグラフ参照）。インスリンは、少なすぎると効果がなく、多すぎると危険な低血糖症を発症するので、この検査はインスリンの適量を決めるために欠かせません。

インスリン療法の方針がある程度決まったら、飼い主はインスリンの扱いや注射の仕方について、かかりつけの獣医師から十分説明を受けた後、通常は1日に2回（12時間ごと）インスリン注射をして血糖値をコントロールします。その後もかかりつけの獣医

師は定期的に血液検査をしながらインスリンの投与量を調整します。

平均血糖値を100～200mg/dlに保つことができれば理想的で

グラフ　インスリン投与後の血糖値の曲線例

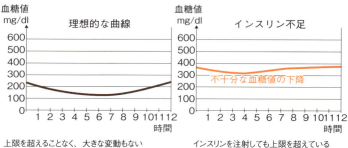

上限を超えることなく、大きな変動もない

インスリンを注射しても上限を超えている

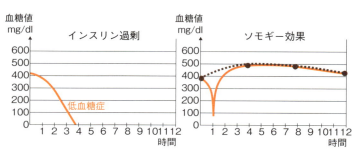

インスリンを注射したところ急激に血糖値が下がってしまった

インスリン投与量が多すぎると、体内で低血糖を防ごうとする作用が働き、血糖値を上げるホルモン（グルカゴンやエピネフィリンなど）の分泌が増大して、高血糖状態になる（ソモギー効果）。インスリン過剰の状態が続くとこの作用も働かなくなり、危険な低血糖症に陥る。血糖値の測定間隔が長いと、ソモギー効果が見落とされることもある

すが、ネコが理想体重を維持し、食欲もあり元気に過ごしているのであれば、血糖値の上限を腎閾値(250〜290mg/dl)以下に保つことを目標にします。血糖値のコントロールが安定し、良好な状態になれば、ネコの状態にもよりますが、通常、2〜4カ月ごとに動物病院で定期検査を受けます。

● 自宅モニタリング

　血糖値のコントロールを自宅で行う場合、**血糖値測定器は通常、人用でもOK**ですが、ペット用とは多少の誤差があるので、病院での測定時に測定器を持参して、測定値誤差を確認しておきます。獣医師に相談してみましょう。あるいはペット用の血糖値測定器を、動物病院経由で購入することもできます。

　はじめは測定が難しくても、慣れるに従い手早くできるようになります(74ページ参照)。ネコの耳をマッサージする感じで少し温め(血行をよくするだけでなくリラックス効果もあります)、付属の針(穿刺器)で耳の辺縁の静脈をチクッと刺します(自分の指先を刺して練習しておくと感覚がわかります)。この穿刺部分からの血液(およそ1滴)に、あらかじめ測定器にセットした検査紙(センサーチップ)の先を軽く付けて、数秒後に測定結果を読み取ります。測定が終わったら、採血部位を数秒間コットンなどで軽く押さえて、ネコをほめてあげましょう。

　血糖値測定はインスリン注射の前と、必要に応じて任意のタイミングで行います。**飼い主が血糖値を測定できれば、より正確なモニタリングが可能になり、低血糖が疑われるときなどにもすばやく対処できるという大きなメリット**があります。測定結果(日付、時間、血糖値、インスリンの投与量、ネコの様子)はかならず記録して、次回の検診に持参します。

自宅モニタリング

血糖値測定の方法

辺縁の静脈を穿刺

血糖値測定器。写真の「ニプロフリースタイル フリーダム ライト」は、7,000円前後で購入できる。センサー（3,500円前後）と穿刺針（1,000円前後）は別売だが、調剤薬局で購入できる

※耳の内側 外側 どちらからでも OK．

穿刺する側の ⇨ 部分を 親指と人差し指で軽く押さえるとよい

インスリンの皮下注射

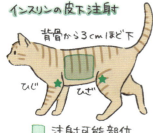

背骨から3cmほど下

ひじ　ひざ

▢ 注射可能部位

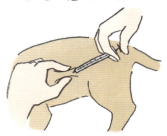

インスリンの皮下注射。インスリンを注射する部位は左右の脇腹（図の緑枠部分）。ここをしっかりつまんで皮を伸ばすようにつまみ上げ、その根元の部分に針を（垂直ではなく）後方から平行に突き刺す。ネコは立っている姿勢でも、ゴロンと寝転がっている姿勢でもかまわない。注射する部位は、左右交互、毎回少しずつずらし、同じ場所に打たないようにする。その部分の皮膚が硬くなり、インスリンの吸収が悪くなるのを防ぐためである

● 自宅でのチェック

　飲水量、尿の量、食欲など、日々のネコの様子を細やかに観察し、1〜2週間に1度は体重を測定します。インスリン療法をはじめてから、食欲があるのに体重が減ったり、反対に増えたりしている場合は、血糖値をうまくコントロールできていない場合があります。

肥満は糖尿病が悪化する要因でもあるので、肥満気味のネコは、血糖値のコントロールがある程度落ち着いてから、体重の管理(**4-2参照**)をはじめます。理想体重をキープして肥満を防ぐことは、糖尿病の予防にもなります。

● 合併症（糖尿病性ケトアシドーシスや低血糖）の予防

　ケトン体の有無は、定期的に尿試験紙を使って自宅で検査すると安心です。尿中ケトン体が陽性であればかかりつけの獣医師に連絡しましょう。血液中のケトン体の量が増え、血液が酸性になるケトアシドーシスの症状が出たら、動物病院での集中的な治療が必要です。

　インスリンの投与量が多すぎたり、食餌量が少なかったり（嘔吐や下痢！）、急に低炭水化物の食餌に切り替えたりすると**低血糖症**になることがあります。インスリン投与後（特に1～3時間）はネコの様子に十分な注意を払います。

　低血糖症の症状は、うなるように鳴く、落ち着きがない、震える、失禁、運動失調（ふらついたり、立ち上がれなくなったり）などで、さらに重度になると痙攣発作を起こしたり、昏睡状態に陥ったりします。通常、血糖値が65mg/dl以下になると低血糖症といわれますが、これらの症状が出るのは数値がもっと下がってからです。ふだんから**血糖値が100mg/dl以下にならないようにコントロールできれば理想的**です。

　軽度の低血糖なら、ネコが好んで食べるウエットフードに少し砂糖を加えて与えたり、ブドウ糖溶液（なければ砂糖水やはちみつなど）をなめさせたりします。反応しなかったり痙攣を起こしているような重症の場合は、ネコの口腔粘膜（口の中）にブドウ糖溶液などを塗りつけ、獣医師にすぐ連絡して指示を仰ぎます。

3-3 甲状腺機能亢進症
~ 早期に発見できれば長生きできる

🐾 どんな病気？

甲状腺機能亢進症は、喉頭部の左右に位置する甲状腺が肥大して（腫瘍か腺腫）、**甲状腺ホルモン**が過剰に分泌されてしまう病気です。肥大は通常は**良性**ですが、**悪性腫瘍**（がん）のことも1～3％あります。

この病気は、糖尿病と並んでシニアネコに最も多い内分泌疾患の1つで、1979年にネコではじめて報告されて以来、年々増加傾向にあります。

市販のフード（特に缶フード）に含まれるヨードやイソフラボン、トイレのネコ砂、難燃剤（PBDEs＝ポリ臭化ジフェニルエーテル）との因果関係、また、遺伝要因などが示唆されていますが、はっきりした原因は明らかになっていません。

ネコの長寿化や獣医学（診断技術）の進歩によって発症頻度が高くなったことも否定できないでしょう。

発症の平均年齢は12～13歳で、10歳未満のネコの発症率は5％以下という報告もあります。シニア期に入ったネコが、食欲もあり一見活動的であること、また症状が多様であることから**見逃されることも多い病気**です。

甲状腺ホルモンは体を構成する骨、筋肉、内臓、皮膚など、ほぼ全身の新陳代謝・働きを活発にする重要な役割があり、ホルモンが過剰に分泌されれば心臓は全身の細胞に多くの酸素を送り続けなければならず、そのうち「**オーバーヒート**」してしまいます。細胞ではエネルギーの消費量が増し、多くの臓器に障害が起こります。

第 3 章　シニアネコがかかりやすい病気

😺 よくある症状は？

- 甲状腺の肥大
- 多飲、多尿
- 食欲増加（食欲不振になることも）
- 体重減少、筋肉減少（食べているにもかかわらず）
- ウンチの回数や量が増える
- 活動的、落ち着きがない
- 神経過敏、興奮しやすい（攻撃的になることも）
- 被毛の変化（毛づやがなくなりボサボサ、ベタつく、脱毛）
- 下痢、嘔吐
- 呼吸数上昇、心拍数上昇（＞200回/分）、心拍動が強い
- 冷たい場所を探す（暑がる）

甲状腺機能亢進症

喉頭部の左右に位置する甲状腺が肥大して
甲状腺ホルモンが過剰に分泌される病気。

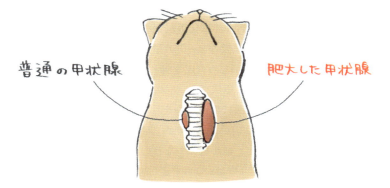

😺 診断は？

　甲状腺が大きくなっているかを確認するための喉頭部の触診や超音波検査も参考になりますが、決め手になるのは血液検査による**甲状腺ホルモン**（サイロキシン T4）**の測定値**です。通常、健康診断での血液検査（血液化学検査）では甲状腺ホルモンの値は検査されないので、検査する場合は検査機関に外注することになります。

　血液検査上の特徴として、**肝機能の指標となる数値と強い関連性**があり、甲状腺機能亢進症のネコは通常の血液検査において、ALT（＝ GPT）、AST（＝ GOT）、ALPの少なくとも1つの数値が90％以上の割合で上昇すると報告されています。中年期を過ぎての血液検査でこれらの肝酵素の数値が上昇していれば、症状の有無にかかわらず甲状腺ホルモンの検査もしてもらうと安心です。また、合併症として多い**全身性高血圧症**（**3-9**参照）は、血圧測定で確認できます。

😺 治療法は？

　甲状腺機能亢進症と診断されたら、血液検査の結果（T4やfT4の値）にもよりますが、**治療法は4つ**あります。

　一般的にはまず、ネコの体に負担が少ない治療法として、①甲状腺ホルモンの合成に必要なヨードの量を低く制限する療法食、または、②甲状腺ホルモンの合成を抑える薬を投与する治療法を選びます。どちらの治療法でも、甲状腺ホルモンの数値が安定しているかどうか定期的に血液検査をしなければなりません。薬の投与の場合、当たり前のことですが、副作用（食欲不振、嘔吐、皮膚のかゆみ、肝障害、血小板減少など）が出ることもあります。治療をはじめたら週に1度はかならず定期的に体重を測定します。食欲があるのに体重が増えていなければ、治療がうまくいってい

ない可能性があるからです。そのほかには、ネコの年齢や健康状態、腎機能を評価した上で、甲状腺肥大の種類や大きさによっては、③甲状腺を切除する外科手術、④放射性ヨード療法、という治療の選択肢もあります。

　甲状腺機能亢進症の予防法は特にありませんが、早期に適切な治療をはじめ、**甲状腺ホルモン値を含む血液検査や血圧検査で健康状態を定期的にチェック**することで、ネコは長期にわたり元気に過ごすことができます。

　なお、甲状腺機能亢進症は腎血管の拡張と腎血流量の増加を引き起こすため、慢性腎臓病の症状が軽減されたり、または潜在的な状態になっていたりすることがあり、甲状腺の治療にともない慢性腎臓病の症状が顕著に現れてくることもあります。

表　甲状腺機能亢進症の治療法の長所と短所

治療法	長所	短所
①療法食（ヨード制限食・日本ヒルズ・コルゲート「y/d」を使用）	・通常、効果がある ・体に負担がかからない ・ほかの治療法に変えることも可能	・ほかのフードやおやつを与えることができない ・療法食は現在1種類のメーカーのみ（ドライと缶フード） ・2011年に発売開始されたばかりで（日本では2012年）、長期にわたる研究データがない ・定期検査が必要
②抗甲状腺薬「メチマゾール」（＝チアマゾール）などの投与	・通常、効果がある ・ほかの治療法に変えることも可能	・副作用がある ・毎日の投薬がストレスになることがある ・定期検査が必要
③外科手術	・根治的治療 ・通常1回の治療	・麻酔のリスク ・1回にかかるコスト ・手術後の合併症の可能性 ・甲状腺機能低下症になる可能性がある
④放射性ヨード療法	・根治的治療 ・通常1回の治療	・専門施設でのみ可能（現在日本では実施不可能） ・長期の入院が必要 ・1回にかかる高いコスト

3-4 腫瘍
～「がん＝死」というイメージは薄れつつある

😺 どんな病気？

腫瘍はどの年齢でも発生することがありますが、特に10歳前後を過ぎたころから発生率が高くなります。皮肉なことに、ネコの寿命が延びたために、がんの発生率やがん死が増えたことも否定できません。**環境要因**（発がん物質や紫外線など）や**遺伝要因**（細胞のがん化を抑制する遺伝子の欠損など）が大きく影響しますが、加齢とともに細胞の異常を見つけて修復しようとする機能や免疫機能が低下し、異常な細胞増殖（腫瘍化やがん化）をコントロールできなくなってきます。

細胞ががん化したものを**悪性腫瘍**（**がん**）と呼びます。良性の腫瘍に比べると発育スピードが速く、発生した組織層を越えて周囲の健康な組織にまで増殖（浸潤）したり、リンパ腺やほかの臓器へ転移したりすることもあります。腫瘍の発生率はネコよりもイヌのほうが高いのですが、腫瘍の悪性度が高いのはネコのほうです。腫瘍は、種類や発生する箇所（皮膚、乳腺、口腔内、骨、消化器官、脳、リンパ系など）によって症状はさまざまですが、ここでは、**特にネコに多い腫瘍**を挙げています。

造血器腫瘍、リンパ腫、皮膚腫瘍

全腫瘍のおよそ3分の1が**造血器腫瘍**、つまり血液中の○○である赤血球、白血球、血小板などが腫瘍化したもので、○○うち50～90％が、白血球の一種で免疫機能の役割を果○○球系の細胞が腫瘍化して増殖する悪性リンパ腫です。○○であるリンパ球は全身に存在しているので、全身すべ

ての臓器に発生する可能性があります。

　平均発症年齢は10〜13歳ですが、ネコ白血病ウイルス（FeLV）が関与しており、このウイルスに感染していると若齢（4〜6歳）でも発症することがあります。ネコ白血病ウイルスとネコ免疫不全ウイルス（FIV）ともに陽性のネコでは、発症リスクがさらに高まります。ほかには慢性の胃腸炎や飼い主の喫煙もリンパ腫の誘発要因として挙げられています。

　リンパ腫は発生する部位によっていくつかの型に分類されており（消化器型、前縦隔型、多中心型、リンパ節外など）、その症状もリンパ腫が存在する場所によって異なります。この中でネコに最も多い胃、小腸や腸間膜リンパ節などに発生する消化器型のリンパ腫では、食欲不振、体重減少、下痢、便秘、嘔吐などの症状がよく見られます。上記のウイルス感染とは関係なく近年増加傾向にあり、特にシャムネコをはじめとする**オリエンタル系のネコに多く発生**します。

　リンパ腫に次いでネコに多い腫瘍は、皮膚・皮下にできる**皮膚腫瘍**（扁平上皮がん、線維肉腫、肥満細胞腫など）です。これらの腫瘍の特徴や原因については**83ページの表**にまとめています。原因となる要因を列挙しましたが、原因が不明なことも多いのが事実です。ネコの全腫瘍の半分以上は、体の表面、つまり目に見える場所に発生するので、見たり、触れたりして発見できます。もちろん、体にできたしこりや腫れのすべてが悪性腫瘍とはかぎりませんが、**しこりが小さなうちに念のため獣医師に診察**してもらいましょう。なんでもなければ安心できます。一方、内臓に発生する腫瘍は、かなり進行してから症状が出ることが多く、体の表面にできる腫瘍に比べて発見が遅れがちになります。このため、定期検査で偶然に見つかることも少なくありません。

🐾 よくある症状は？

　腫瘍の種類や発生する部位によって、症状は多様ですが、以下、一般的に見られる**おもな症状**です。

- 体にしこりや腫れができ、大きくなる傾向がある
- 皮膚になかなか治らない傷や炎症が見られる
- 体内への入口に当たる部分（口腔内、鼻、耳、肛門周辺）から出血したり粘液が出る
- 口臭がしたり、口からよだれが出たり、出血する
- リンパ節が腫れる（**2-2**参照）
- 体重減少
- 食欲がない。噛んだり飲み込みづらそうにしたりする
- 嘔吐や下痢および便秘
- 元気消失
- 歩きにくそうにする
- 呼吸・排泄が困難
- 痛みの症状（**1-5**参照）

🐾 診断は？

　腫瘍の発生部分にもよりますが、視診、触診、血液検査で全身をチェックし、画像検査（レントゲン検査、超音波検査、場合によっては、さらにCTやMRI検査など）で腫瘍の大きさや範囲を確定し、ほかの臓器に転移していないかどうかも調べます。腫瘍が確認されたら、さらにくわしく調べるために細胞の一部や組織の一部を採取して**病理検査**をすることもあります。

　すべての検査結果から、腫瘍なのか、なんの腫瘍なのか、腫瘍であれば良性か悪性かの鑑別をした上で、大きさ、周辺のリンパ

表　皮膚に変化が見られる、ネコに多い腫瘍

腫瘍の名前	特徴	原因となる要因や傾向
扁平上皮がん	● 皮膚の表面の扁平上皮細胞ががん化したもの。毛が少ない部位、皮膚の色素の少ない部位、特に鼻・瞼・耳など、顔や頭に見られることが多い。初期は赤っぽい炎症やかさぶたのようなものが見られ、徐々に周辺の組織に浸潤し、潰瘍化する。 ● 歯肉、舌、咽頭など口腔内に発生することも多く、口腔内の悪性腫瘍のおよそ70％を占める。腫瘍が大きくなると局部的に盛り上がり（膨隆）、亀裂部分から出血したり、進行すればあごの骨に浸潤することもある。 ● 悪性腫瘍である。	● 太陽の紫外線に長く当たることが大きな原因で、白っぽい毛のネコに多い。 ● 口腔内の扁平上皮がんは、ペルシャネコに多い。 ● 人の喫煙（毛に付着した煙の成分を毛づくろいして舐めることで）も口腔内の扁平上皮がんの誘発要因として挙げられているが、原因は不明。 ● 10歳以上のネコに発症することが多い。 ● パピローマウイルス（PV）や免疫力を低下させる薬（コルチゾールなど）の長期にわたる投薬との関連性も指摘されている。
線維肉腫およびネコ注射部位肉腫	● 周囲の組織との境界が不明瞭なことが多い、皮下にできる軟部組織の肉腫。 ● 背中（肩甲骨間）や四肢に発生することが多い。口腔内に発生することもある。 ● 通常、増殖スピードが速く、浸潤性が強い。悪性であることが多い。	● ワクチン接種部位（特に狂犬病や白血病のワクチン接種後）に多く発生することから、ワクチンに含まれる補助剤との関連性が以前から報告されてきた（ネコ注射部位肉腫）。近年、ワクチン以外の薬剤の注射部位や傷などによる炎症部位でも発生することが確認されており、炎症反応が引き金になると考えられている。 ● 8～12歳のネコに多い。 ● ネコ肉腫ウイルス（FeSV）とネコ白血病ウイルス（FeLV）が関与。 ● 原因が不明であることも多い。
肥満細胞腫	● 皮膚や粘膜など全身の組織に広く分布し、免疫システムの役割を担う肥満細胞が腫瘍化したもの。 ● 頭（瞼や耳の周り）、四肢、首などにできることが多い。 ● 単独～数カ所、多くは直径0.5～3cmほどの、脱毛をともなう硬くて周囲の組織との境界が明瞭なしこり。良性であることが多い。 ● 内臓（脾臓や小腸など）に発生する肥満細胞腫は、皮膚に発生するそれよりも悪性度が高い。	● 原因は不明。 ● 若いネコに発症することもあるが、平均発症年齢は8～10歳で、シャムネコに多い。
乳腺腫瘍	● 初期は、乳腺に1～数個の米粒ほどの小さな硬いしこりが。周辺の組織に浸潤して潰瘍化したり、さらに大きくなると自壊して患部から漿液が出たり、化膿することもある。 ● 通常、増殖スピードが速く、悪性であることが多い（80～90％）。転移も多い。	● 避妊手術をしていないメスネコは発生リスクが高い。ただし、避妊手術を早期に行った場合にのみ、発生リスクが低下するというデータもある。 ● 7歳ごろから発症率が上昇し、発症年齢のピークは10～14歳。

節への転移の有無、ほかの臓器への転移の有無の3つの要素から腫瘍の**進行度（ステージ）**が診断されます。

🐾 治療法は？

　ネコの年齢や全身状態を考慮しながら、腫瘍の種類やステージ、発生部位に応じて、外科療法（手術による腫瘍の切除）、化学療法（抗がん剤）、放射線療法の3つの中から治療方針が立てられます。たとえば、切除が可能な腫瘍であれば**外科療法**、全身性の腫瘍（リンパ腫など）であれば**化学療法**、外科手術には不向きな場所（脳、鼻腔内など）にできた腫瘍には**放射線治療**が第一選択となります。治療はケースバイケースで、場合によっては外科手術と化学療法や放射線療法が併用されます。

　近年、獣医腫瘍学は急速に進歩し、**「がん＝死」というイメージは薄れつつあります**。治療法の選択に際しては、ネコ自身の治療や通院に対するストレス度、飼い主の時間的・経済的な事情も考慮しながら決めることになります。場合によっては、肉体的な痛みや不快な症状を最小限に抑えつつ、ネコの生活の質をできるかぎり保つ、自宅での緩和ケアという選択肢がベストなこともあります。

　治療法の選択肢も広がり、補助的な療法として、免疫療法やさまざまな代替療法（鍼灸、漢方薬、ホメオパシー、ホモトキシコロジー、オゾン療法、各種サプリメントなど）を提供する動物病院もあります。数多くの健康補助食品（サプリメント）が市場に出回っていますが、体の中で薬のように働いたり、ほかの薬に影響を及ぼしたりすることもあるので、本当に必要なものかどうか獣医師に相談しましょう。腫瘍を発症しているネコはやせていることが多いので、低炭水化物で、消化吸収のよいタンパク質や脂肪

第3章 シニアネコがかかりやすい病気

を多く含み、エネルギー密度の高い食餌を与えることも大切です。

🐾 ワクチン接種後は、線維肉腫を頭の片隅に

ワクチンなどの注射が引き金になって発生すると考えられている**線維肉腫（ネコ注射部位肉腫）**ですが、リスクを少なくするために、ワクチン接種はネコの生活環境に応じて必要最低限にとどめるようにしましょう。

ワクチンの詳細については割愛しますが、ワクチン接種は肩甲骨間を避けて脇腹や四肢（アメリカでは四肢やしっぽの先）に注射すること、そして体のどの部分に接種したのかを記録することが推奨されています。早期発見や外科手術で切除しやすいという理由からです。飼い主も**ワクチン接種後は接種部位に腫れやしこりができていないか注意深くチェック**しましょう。

ワクチン接種後、炎症反応で多少腫れることがありますが、3カ月経っても腫れやしこりが消えなかったり、しこりの直径が2cm以上に達したり、あるいは1カ月後、しこりの大きさが増加しているときは、くわしく検査すべきであるという**3-2-1ルール**が提唱されています。

線維肉腫　ワクチンなどの注射が引き金になって発生すると考えられている。

「3ヵ月経っても腫れやしこりが消えない」
「しこりの直径が2cm以上」
「1ヵ月後しこりの大きさが増加」
→くわしく検査すべき（3-2-1ルール）

3-5 心臓の病気
~ 心筋症のネコにはストレスのない穏やかな生活を

😺 どんな病気？

後天性(生まれつき心臓に奇形などが認められるのは先天性)の心臓病の中でネコに最も多いのは、心臓の筋肉細胞に異常が生じる病気である**心筋症**です。どんな年齢でも発症することがありますが、6歳ごろから発症することが多く、年齢とともに重症になる傾向があります。

心筋症は、心臓の筋肉の厚みが増す**肥大型心筋症**、心筋全体が硬くなって柔軟性がなくなる**拘束型心筋症**、心筋が弱くなって薄くなる**拡張型心筋症**など、いくつかのタイプに分類されます。ネコでは、肥大型心筋症が全体のおよそ67％、拘束型心筋症が20％を占めます。拡張型心筋症については、1980年代に**タウリン**の摂取不足がおもな原因であることがわかって以来、フードにタウリンが十分に添加されるようになり、発症率がぐっと減りました（およそ10％）。

肥大型心筋症では遺伝的な要因が疑われており、メインクーン、ラグドール、ブリティッシュショートヘア、アメリカンショートヘア、ノルウェージャンフォレストキャット、ペルシャ、スフィンクスなどのネコ種に多く発症することがわかっています。性別ではオスネコに多く発症します。

😺 なぜ発生するのか？

心筋症が発症するメカニズムは十分に解明されていませんが、ほかの疾患（高血圧症、甲状腺機能亢進症など）が原因で二次的に肥大型心筋症が引き起こされることも少なくありません。いず

第 3 章　シニアネコがかかりやすい病気

れのタイプの心筋症も、心筋が収縮して全身に血液を循環させるいわば「ポンプ」の働きに支障が出て、必要な酸素やエネルギー源を供給する役割が十分に果たせなくなります。心臓は拡張したり、心拍数を上げたりしてその働きを補おうとフル回転しますが、そのうち仕事がこなせなくなり、さまざまな支障が出てきます。

心臓は4つの部屋（①**右心房**・②**右心室**・③**左心房**・④**左心室**）から構成されています。左心室が十分に血液を送り出せなくなると、左心房から送られてくる血流はせき止められ滞留し、左心房は徐々に大きくなります。肺では毛細血管の圧力が上昇し、血管から血液の液体成分が染み出て（肺静脈のうっ血）、肺の中に水がたまる**肺水腫**(はいすいしゅ)、あるいは、胸部（肺の周り）に水がたまる**胸水**(きょうすい)という合併症が起こりやすくなります。また、大きくなった左心房で血液の流れが滞ることによって**血栓**と呼ばれる血の塊

心臓の構造

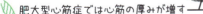

① **右心房**
酸素を失った血液が、全身から**右心房**に戻り、**右心室**へ流れる。

② **右心室**
血液は、**右心室**から肺動脈を通って肺へ送られる。

③ **左心房**
酸素をたっぷりと含んだ肺からの血液は**左心房**で受け入れられ、**左心室**へ流れる。

④ **左心室**
酸素の豊富な血液が**左心室**から大動脈を通って全身に送られる。

肥大型心筋症では心筋の厚みが増す

心臓の働きは血液を全身に送り出す「ポンプ」。左右の心室は大きな圧力で血液を押し出す

ができやすくなります。血栓は左心房から左心室、そして血流に乗って全身に運ばれ、ほかの部位で動脈を詰まらせます(**動脈血栓塞栓症**)。ネコでは、血栓が動脈の分岐部に詰まることが多く、その結果、四肢(多くは**後肢**)が**麻痺**したり**脱力**したりして、立つことが困難になります。これらの合併症は重篤な状態を意味します。迅速な治療が必要です。

後肢の脱力

🐾 よくある症状は?

心臓病疾患のイヌの症状(咳をする、呼吸が速い、散歩を嫌がるなど)と比べると、ネコの症状はあまり明らかではありません。なんの兆候もなく、**重篤な症状が突然出る**こともあります。

・動きたがらない
・動いた後、呼吸が苦しそう(口を開けて呼吸)
・不整脈、心拍数上昇(>200回/分)
・食欲不振、やせる
・舌や歯肉が青紫色(チアノーゼ)
・低体温
・呼吸困難(肺水腫や胸水による)
・急に立てなくなる(動脈血栓塞栓症による後肢の脱力や麻痺)

診断は？

早期発見が難しい病気です。健康診断や予防注射の際の聴診検査での異常（心雑音など）が、見つかるきっかけになることもあります。しかし、重度の症状（呼吸困難や立てなくなるなど）が出てから診断されるケースが少なくありません。

身体検査（とくに聴診）、心臓エコー、心電図検査、血圧測定、レントゲン検査などの結果を総合的に判断します。血液検査では、NT-proBNPという、**心筋から分泌されるホルモンの値**が、心筋症の重症度を評価する参考になります。ネコの状態を見ながら検査を進め、呼吸困難や合併症を起こしていれば、検査よりも全身状態を安定させるための治療を優先します。

動脈血栓塞栓症による後肢（まれに前肢）の麻痺が起こると、肢先が冷たくなり、肉球が蒼白化（黒い肉球はわかりにくいですが）、股動脈の拍動を触知できなくなります。同時に痛みのサイン（突然うめいたり、暴れたりするなど）も顕著になります。

表　心筋症治療のおもな薬

薬	働き	薬（一般名）
血管拡張薬（血圧降下剤）	血管を広げて血圧を下げることで、心臓の負担を軽減する。	ACE阻害薬やカルシウム拮抗薬（**3-9**参照）
利尿剤	オシッコの排出を促すことで、血液の水分量を減らす。	フルセミドなど
強心剤（カルシウム感受性増強剤）	心筋の収縮力を高める。血管拡張作用もある。	ピモベンダンなど
β遮断薬（ベータブロッカー）	心臓にある交感神経の受容体のうちβ受容体を阻害する薬。心臓の心拍数を減らしたり心拍数のリズムを整えたりする。	アテノロール、プロプラノロールなど

🐾 治療法は？

　心筋症を根本的に治癒することはできませんが、ネコの状態に応じて、心臓にかかる負担を軽くするために**投薬治療**を進めます。薬の投与に際しては、特に腎機能を評価するために、定期的な検査（血液検査や尿検査）が欠かせません。

　呼吸困難を起こしている場合は、酸素吸入で状態を安定させてから、点滴や薬剤の投与をはじめます。検査で肺水腫が確認されれば利尿剤の投与、胸水がたまっている場合は、水を抜く処置をします。動脈血栓塞栓症では迅速な治療が必要です。治療には血栓溶解薬（tPA製剤やウロキナーゼなど）を使う方法や、カテーテルや外科手術で血栓を除去する方法があります。

　状態が回復しても心筋症の治療を継続し、血栓の形成を妨げる薬（低分子ヘパリン注射など）で**新たな動脈血栓塞栓症を予防することが大切**です。心筋症と診断されたら、なるべく塩分（ナトリウム）控えめの食餌を選び、穏やかに過ごせる環境を整えてあげましょう。

　また、ネコがリラックスしているとき（寝ているとき）に定期的に呼吸数を測り、**1分間の呼吸数が45回を超える状態が続く**ようなら、合併症（肺水腫や胸水）の初期段階を疑い、かかりつけの獣医師に相談しましょう。

3-6 歯周病と歯の吸収
〜なにはともあれ予防がいちばんだが……

😺 どんな病気？

● 歯周病

歯周病は、歯肉、セメント質、歯槽骨(しそうこつ)、歯根膜(しこんまく)など、歯を支える歯周組織が炎症を起こす病気で、ネコに最も多い口腔内疾患です。

歯周病の直接の原因は歯に付着した**歯垢**(しこう)です。歯垢は口腔内の細菌、唾液、食べ物のカスや特定の細胞が混じり合ってできたネバネバした灰色っぽい粘着性の物質で、**歯垢が付着することで歯肉に炎症**が起こります。歯肉炎が発症するかどうかは、感染症(ネコ白血病ウイルスやネコ免疫不全ウイルスなど)にかかっているかや、ネコ自身の免疫力にも大きく左右されます。

歯周病の進行は、まず歯肉が赤味を帯びて腫れたり、出血したりし、歯垢細菌が増えて歯周ポケット(歯と歯肉との境目の溝)

歯の構造

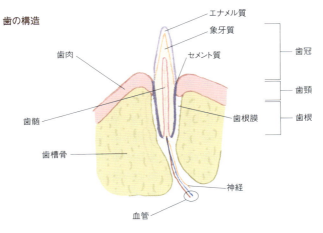

ができ、ここから細菌の侵入がさらに進みます。同時に、歯垢に唾液中のミネラル（カルシウムやリン）が蓄積し、**石灰化**して茶色っぽい**歯石**に変化します。この石灰化は歯垢がたまってから数時間ではじまり、通常1週間ほどで完全な歯石が形成されます。

歯石の表面はザラザラしており歯垢が付きやすいため、歯石はしだいにその厚さを増していき、その内部では細菌の種類や数も増え、口臭もひどくなります。歯周ポケットはさらに深くなり歯肉は退縮しますが、厚い歯石が付着しているとわかりにくいこともあります。

歯周病がさらに進むと、歯根膜や歯槽骨が炎症を起こして破壊され（**歯周炎**）、歯槽骨は吸収されて（溶けて）歯がグラグラしてきます。歯槽骨内に残された歯根部が化膿して歯が抜けても、痛みをともなう炎症が続くこともあります。歯根の周り（特に犬歯や上あごの臼歯）に膿がたまって頬〜目の下が腫れたり、病巣部にたまった膿が皮膚を破って出てきたりすることもあります。

また、増殖した口腔内の細菌が血流に乗って全身に運ばれ、歯だけでなく、ほかの臓器（腎臓、肝臓、心臓など）に悪影響を及ぼす恐れもあります。

● 歯頚部吸収病巣

歯頚部吸収病巣は、正式には破歯細胞性吸収病巣と呼ばれ、歯周病と並びネコに多い口腔内疾患です。通常は乳歯の歯根を吸収して永久歯の成長を促す働きのある**破歯細胞**が永久歯を攻撃して、歯頚部や歯根部の外側から歯を吸収し、歯に穴が空く病気です。ネコ科の動物に（トラやライオンでも）多く見られ、1930年にネコではじめて報告されていますが、現在もその原因は明らかになっていません。

誘発要因としてはこれまで、歯周組織の炎症（歯周病）や、硬いものを噛んだときにエナメル質とセメント質の境目に発生する欠損、あるいはフードの普及によるビタミンDの過剰摂取などが挙げられていますが、野生のネコにも同様に発症するので、**フードが原因というわけではなさそうです。**

どの年齢でも起こりますが、高齢になるほど発症率が高くなります。また、どの歯にも起こりますが、前臼歯（特に犬歯のすぐ後ろの前臼歯）に最もよく発生します。

歯頸部吸収病巣には、**歯周病をともなうタイプとともなわないタイプ**がありますが、歯頸部付近から吸収が起こるため、初期には見える部分（歯冠部）に変化がないので発見が遅れがちです。実際、歯の吸収が歯髄に達して（ステージ3）痛みが増したことでネコの行動に変化があったり、歯冠部の変化が顕著になったりして（ステージ4の状態）はじめて、飼い主が気づくことが多いです。

🐾 よくある症状は？
- 嫌な口臭がある
- よだれが多い
- 歯に茶色っぽい歯石が付いている
- 歯肉の変化（赤く腫れたり、出血したりする。退縮して歯が長く見える）
- グラグラしたり、抜けた（欠けた）歯があったりする
- 頬〜目の下が腫れたり、皮膚に穴が開いて膿が出たりする
- 歯肉が根元から歯冠部を覆うように盛り上がる（歯の吸収）

● 食べるとき
- 片側だけで噛む（首をどちらかに傾け、口をクチャクチャする）
- 首を振ったり、口からフードがこぼれたりする

- 手で顔をこする（口に入ったフードを取ろうとするように）
- 食べるのを中断したり、フードの前に座っているのに食べなかったりする（体重減少）

● 行動
- 顔（口）を触られるのを嫌がる
- 遊んだり活動したりする時間が減る
- 毛づやが悪くなる（歯が痛いとグルーミングしなくなるので）

🐾 診断は？

歯周病の進行具合は、症状、口腔内検査、場合によっては、麻酔下でのプロービング検査（歯周ポケットの深さを測定）や口腔内

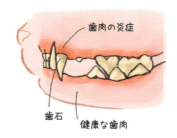

歯肉の炎症

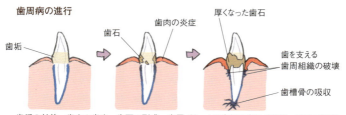

歯周病の進行

歯垢の付着→歯肉の炎症→歯石の形成→歯周ポケットに歯垢や歯石が蓄積→歯肉の退縮→歯周組織の破壊や歯槽骨の吸収→歯がぐらつき、抜ける

第3章 シニアネコがかかりやすい病気

X線検査から**総合的に診断**します。

歯頸部吸収病巣は歯周病と区別するのが困難なこともあり、確定診断をするためには口腔内X線検査が欠かせません。歯の吸収は95ページのように**5段階に分類**されています。

表 歯頸部吸収病巣のステージ

ステージ		X線画像での評価	肉眼での評価
1		軽度の歯硬組織※の吸収（セメント質、あるいはセメント質とエナメル質の接合部付近に損傷）	特になし
2		中程度の歯硬組織の吸収（損傷が象牙質に広がる）	特になし
3		深部に及ぶ歯硬組織の吸収（損傷がさらに歯髄に広がる）	痛みでネコの行動に変化が見られる
4		広範囲に及ぶ歯硬組織の吸収（歯根部および歯冠部が広範囲にわたって損傷）	歯冠部にさまざまな変化（穴が空いたり、欠けたり、脱落したりなど）が見られ、歯肉が歯を保護しようと根元から盛り上がってくる
5		歯硬組織の変形した残骸だけが残る	歯冠部が完全になくなり、盛り上がった歯肉で覆われる

※ 歯硬組織とは、エナメル質、象牙質、セメント質など歯の硬い組織。
参考：アメリカ獣医歯科学会（AVDC）によるステージ分類

歯の吸収。歯肉が盛り上がって歯冠部を覆う（ステージ4に相当）。

🐾 治療法は？

　歯肉炎のみの段階であれば、歯の表面や歯周ポケットに付着した歯垢・歯石を除去し（スケーリング）、歯の表面を研磨（ポリッシング）して洗浄し、歯石の再付着を防ぎ、歯茎の炎症を抑えるための処置をします。

　しかし歯周ポケットが深く、歯肉の退縮や歯のぐらつきがあると、歯を保存しての治療は難しくなります。歯が抜けていても歯槽骨内に残された歯根部が化膿していると痛みが持続するので、残った歯根を取り除かなければいけません。

　処置前後には、ネコの状態に応じて薬（抗生物質や鎮痛剤）が投与されます。歯頸部吸収病巣も、歯周病を併発している場合はその治療をします。

　歯の吸収が進行し、歯髄に達した段階（ステージ3〜4）では歯を保存するのは難しく、抜歯や歯冠切除が行われます。ステージ5で歯根が残っておらず、完全に溶けて歯槽骨に置き換わっている場合は、痛みもなくなるので治療の必要はありません。

　進行性の歯周病や歯頸部吸収病巣は、歯がうずく経験をした人ならわかると思いますが、強烈な痛みをともないます。**歯の治療の第一目的は、痛みによる生活の質の低下を改善すること**です。人と違ってネコは摂取した食物を咀嚼（歯でよく噛んで噛み砕くこと）せずに飲み込むので、**歯がなくても問題なく食べることができます。**

　「うちのネコは年だから全身麻酔は無理」と決めつけることはありません。麻酔前検査をしっかりと行って全身状態を把握し、そのネコに合った麻酔方法を選択することで、リスクは最小限に抑えられます。早期の治療が大切です。いちばんの治療法は、**定期的に自宅で歯垢を除去し歯周病を予防することです**（**5-4**参照）。

骨や関節の病気
～痛みと炎症をコントロールして生活の質を確保

🐾 どんな病気?

変形性関節症は、加齢にともない関節軟骨の組織が徐々に変性して（壊れて）その機能が失われていく進行性の関節疾患です。進行すると炎症をともなうので**骨関節炎**とも呼ばれます。

発症頻度は加齢とともに増え、「12歳以上のネコの約90％に、X線画像で変形性関節症の徴候が認められた」という最近の報告もあるほどネコに多い慢性関節疾患です。

加齢のほかには、**関節周囲の外傷**や**肥満**などが関節症を引き起こす要因となります。

骨の先端表面を覆う**関節軟骨**は、多くの水分を含む弾力性に富んだ軟骨組織からなり、滑らかな表面を形成して、骨と骨が直接ぶつからないようにクッションの役割を果たしています。

関節軟骨の隙間（**関節腔**）は、**滑膜**から分泌される関節液（**滑液**）で満たされており、関節軟骨への栄養供給や、関節の動きを滑らかにする「潤滑油」の役割を担っています。

変形性関節症では、関節軟骨の組織がすり減って薄くなり、滑液の質も低下して（粘液性を失い）軟骨を十分に保護することができなくなります。すると骨同士がぶつかり合って軟骨が傷ついたり、それを修復しようと関節の周囲に骨が増殖して突起（**骨棘**）ができたりして、関節の変形がゆっくりと進みます。

関節内では滑膜炎をともなう炎症が繰り返し発生し、関節の変形と痛みで運動能力が損なわれていきます。

すべての関節に発症する可能性がありますが、ネコに多いのは**ひじ関節、股関節、ひざ関節、腰椎**などです。

😺 よくある症状は？

　体が柔軟で上下の動きが得意なネコは、イヌに比べると症状が見逃されがちです。後肢に痛みがあっても、爪を含めた前肢をフルに使って高いところによじ登ろうとします。逆に前肢に痛みがあると、後肢で高いところにジャンプできますが、下りるとき（着地時）に前肢が痛むので、**高いところに上がるのを躊躇**するようになります。痛みでじっとしている時間が長くなると、症状

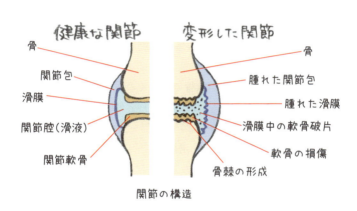

関節の構造

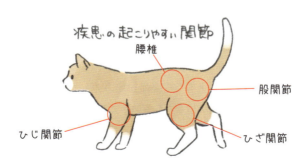

第 3 章　シニアネコがかかりやすい病気

はなおさら気づきにくくなるので、以下のような行動の変化に注意しましょう。

- 全体的に活動時間が減る（寝ている時間が長い、遊ばない）
- グルーミングや爪とぎする時間が減る
- 階段の上り下りやジャンプ（上下とも）を躊躇する
- （今まで上がっていた）高い場所に上がらない
- ぎこちない立ち方や歩き方（たとえば、ひじ関節が痛いとひじが外向き加減になることがよくある）
- 飼い主や同居ネコとのコンタクトを避ける（隠れる）
- 機嫌が悪い（攻撃的になることも）
- 触られるのを嫌がる
- トイレ以外の場所（多くはトイレのすぐ近く）にオシッコやウンチをする（トイレに行くまでに段差などの障害物があったり、トイレ自体の縁が高すぎたりなどの問題があるため）

診断は？

症状、身体検査、X線検査などから総合的に診断します。身体検査では患部の視診や触診で関節の腫れや可動域（動く範囲）、筋肉の萎縮、立ち方や歩き方の異常、痛みがあるかどうかを確認します。

診察室では歩かないネコもいるので、歩き方がおかしい場合は、**あらかじめスマホなどで動画を撮っておく**と役立ちます。

また、X線画像からは、骨と骨との隙間の具合、軟骨下の骨の硬化度、関節の腫脹や石灰化、骨の突起や増殖体ができて骨の表面が変形していないかなど、関節や骨の障害の程度を評価します。

😺 治療法は？

　1度変形した関節は元に戻せないので、治療の目的は、ネコの生活の質を保つために**痛みと炎症をコントロールすること**です。

　痛みを軽減するために、まず、非ステロイド性消炎鎮痛剤（NSAIDs）が使用されます。完治させるための治療薬ではありませんが、必要なときに炎症や痛みを抑えてくれます。長期使用が認められているNSAIDsはネコではかぎられており、現在使用され

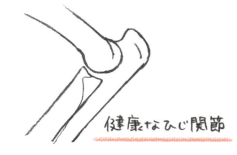

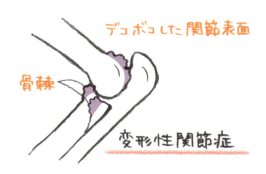

ている代表的な薬はメロキシカムです。経口懸濁液(けいこうけんだく)なので、フードに混ぜることができるメリットがあります。薬の投与に際しては、特に腎機能を評価するために定期的な検査（血液検査や尿検査）が欠かせません。下痢や嘔吐がないか、十分に食餌や水分を摂っているかなど、家庭での注意深い観察も重要です。

また、**オメガ3脂肪酸**（DHA[※1]やEPA[※2]）には関節炎の炎症を抑え、痛みを緩和する効果があると考えられているので、これらの成分をなるべく多く含むフードを選ぶとよいでしょう。オメガ3脂肪酸、グルコサミン、コンドロイチン硫酸や抗酸化成分（ビタミンE、ベータカロテン、ビタミンCなど）などを多く含む、関節の健康管理のために開発された療法食、ヒルズネコ用「j/d」は現在日本では未発売ですが、2カ月間の給与で関節炎の症状が約50％、認知機能障害（**3-10**参照）の症状が約70％改善したという報告もあります。これらの成分を配合したさまざまな関節サプリメントも販売されています（**アンチノール**、**コセクインパウダー**など）。獣医師と相談しながら補助的に利用するとよいでしょう。

なお、サプリメントは薬と違って即効性はないので数週間、継続投与する必要があります。

そのほか、機能回復や痛みの緩和に物理療法（電気、レーザー、超音波、温熱・寒冷などを使う治療）、運動療法やマッサージを取り入れたリハビリテーションを提供する動物病院も増えています。家庭でも（特に寒い時期には）**湯たんぽ**などを利用して患部を温め、痛みを和らげてあげましょう。

痛みのために活動力が低下し肥満気味になるネコもいます。肥満になると関節にかかる負担が大きくなるので、**体重を管理する**こと、関節にあまり負担がかからない**適度な運動**を関節を支える筋肉量を維持するためにも続けることが大切です。

※1 ドコサヘキサエン酸　※2 エイコサペンタエン酸

3-8 便秘
～ひどいようであれば動物病院へ

🐾 どんな病気？

便秘は、腸内の内容物（便）がなんらかの理由でうまく運ばれなかったり、腸内にとどまる時間が長くなったりして**排便が順調に行われない状態**をいいます。シニアネコの場合は、腸内の内容物を移動させる収縮運動（腸のぜん動運動）の低下、運動不足、肥満、食物繊維摂取不足、水分摂取不足などが原因となっていることが多いのですが、便秘の裏に病気（慢性腎臓病、腸の腫瘍、骨盤の変形、異物や毛玉が詰まるなど）やなんらかのストレスが隠れていることもあります。

ウンチが腸内にとどまる時間が長くなると、水分が吸収されてウンチが乾燥し、硬くなり、排便が困難になります。そして、年とともに関節や腹筋が弱まってくるので、力を入れてふんばるウンチの体勢は、便秘になると大きな負担になります。

太くて硬いウンチが腸内をふさぐと、その脇を粘液性の水分が通り抜けて出ることがあり、**便秘なのに下痢と間違われる**こともあります。ネコによって排便の頻度も違うので、2〜3日ごとの排便で調子のよいネコもいますが、血便、食欲不振、嘔吐、脱水などの症状があれば動物病院で診てもらいましょう。

慢性の便秘を繰り返すと、結腸が拡張して収縮力が低下する**巨大結腸症**という病気になることもあるので、軽度のうちに家庭でもいろいろ試してください。

🐾 よくある症状は？

・食欲不振や嘔吐

第 3 章 シニアネコがかかりやすい病気

ネコの便秘

便秘になると、排便体勢をとるのにウンチが出なかったり小さくて硬いコロコロのウンチしか出なかったりする。

便秘の裏に病気やストレスが隠れていることも…

- 排便の回数が減る
- 排便困難(排便姿勢をとるのに便が出ない)
- 排便するとき痛くて鳴く
- 硬いウンチやコロコロウンチが出る
- 何度もトイレに行く
- お腹を触られるのを嫌がる
- 重度の便秘では、下腹部を触ると硬いウンチがたまっているのが確認できる

😺 診断は?

症状と腹部の触診、およびX線検査でおおよその診断がつきます。

🐾 治療法は？

　軽度の便秘なら食餌の改善、水分を十分に摂らせる、マッサージ（円を描くようにお腹をやさしくなでる）、お腹やおしりを温かいタオルで拭く、適度の運動（**4-9**参照）などで効果が見られます。ネコが飲み込む毛の量を減らす（特に毛の長いネコ）ためにブラッシングしたり、トイレを常に清潔に保つことはいうまでもありません。

　食餌の改善としては、ドライフードを食べているなら、ぬるま湯でふやかしたり、水分含有量の多いウエットフードに切り替えたり（あるいは半々にするなど）します。また、食物繊維には2種類（不溶性と可溶性）あり、それぞれ違う働きがあるので、食物繊維をバランスよく含んだフードを選びます。

　不溶性繊維は水に溶けず、水分を吸収して膨らみ、便のカサを増やして腸を刺激して、腸のぜん動運動を活発にする働きがあり、消化されずに便と一緒に排泄されます。

　一方、**可溶性繊維**は水に溶け、ジェル状になって便の粘性を適度に保持したり、腸内細菌によって発酵・分解されて腸内環境を整えたりする役割があります。たとえば体重ケア用のフードは食物繊維、特に不溶性繊維を多く含みますが、やせているネコにはエネルギー面で適していないこともあります。また、十分に水分を摂らずに食物繊維の摂取量だけを増やすと、場合によっては硬いウンチの量が増して、便秘が悪化する可能性もあります。

　療法食では、高繊維食であるヒルズの「w/d」や、2種の食物繊維をバランスよく含み、**可溶性食物繊維**（サイリウム、フラクトオリゴ糖など）を配合した便秘のネコ用のロイヤルカナン消化器サポート可溶性繊維などがあります。フードの給与では、ネコの体形や基礎疾患などの考慮が必須なので獣医師に相談します。

食物繊維やオリゴ糖、乳糖でも改善が見込める

サイリウム（サイリウムハスク）は、オオバコの種子を粉末にしたもので、可溶性食物繊維を豊富に含みます。不溶性の特徴も持ち合わせており、腸内で発酵・分解されにくいという性質があります。

水に溶かすとジェル状に膨らみ、粘性を保ったまま排泄されるので、便秘や下痢の症状を改善する効果があります。

サイリウム粉末（純度100％）は補助食品として薬局などで購入でき、通常のフードと一緒に与えることもできます。その際は30倍ほどの量の水でふやかして1〜2時間置いてからジェル状になったものをフードに混ぜます。極少量（粉末小さじ$\frac{1}{8}$ほど）から試します。あまり少量だとつくりにくいので、少し多めにつくっておいて、2〜3日なら冷蔵庫に入れておくとよいでしょう。

腸内環境を整える働きのある**オリゴ糖**（高純度粉末タイプ）を少量（0.5g程度）、フードに加えてもかまいません。

ほかには、ネコが好んで食べるなら、水溶性食物繊維を多く含む**かぼちゃペースト**（ベビーフード用でも）を小さじ$\frac{1}{2}$ほど、あるいは**乳糖**を含む食品（牛乳、プレーンヨーグルトなど）を小さじ1杯ほど与えてもかまいません（下痢をする場合はやめる）。

補助食品の効果は個体差もあるので、ネコの嗜好も考慮して、量は様子を見ながら調節します。いずれにしても、**水分を十分に摂っていることを**確認してください。

なお、便秘が重度になると緩下剤（ラクツロースなど）、腸の運動性を高める薬の投与、輸液治療（静脈点滴や皮下輸液）、浣腸や、便をかき出して取り除くなどの処置が必要になります。原因にもよりますが、巨大結腸症で症状が改善されなければ外科的処置が必要になることもあります。

高血圧症
～網膜剥離で失明することも

3-9

🐾 どんな病気？

血圧とは、血液が循環するときに生じる血管内の圧力のことで、心臓が血液を押し出す力（心拍出量）と血管の抵抗や弾力性などによって決まります。心臓の拍出量が増えるほど、また血管の抵抗が大きくなるほど血圧は上がります。血圧はおもに神経系（交感神経）、内分泌系（ホルモン）システム、そして腎臓によって調節され、さまざまな影響（ストレス、活動、気温、日内周期）を受けて変動します。

人と違ってネコの場合は、**全身性の高血圧症**（全身性高血圧症）のおよそ80％がなんらかの基礎疾患、おもに腎臓病、甲状腺機能亢進症、副腎皮質機能亢進症、心臓病、糖尿病、痛みやストレス、などが原因で起こる二次性高血圧症です。このため高血圧症は、必然的にこれらの病気にかかりやすいシニアネコに多いことになります。高血圧症は**病名であると同時に多くの病気の合併症である**ともいえます。

高血圧は特に腎臓病と心臓病に密接に関係しており、慢性腎臓病のおよそ20～60％のネコが高血圧症を併発しています。高血圧症のおよそ80％のネコに心臓肥大（左心室肥大）が認められたという報告もあります。高血圧の状態が長く続けば、血管障害が原因で基礎疾患がさらに悪化するだけでなく、多くの臓器（特に眼、腎臓、心臓、脳）に負担がかかります。

🐾 よくある症状は？

さまざまな臓器の血管に障害が起こってはじめて高血圧症と診

第3章 シニアネコがかかりやすい病気

断されることが多く、特に顕著なのが**眼の障害**です。高血圧が原因で網膜血管から出血したり、血管の中から血液中の水分が外ににじみ出たりすると、**眼底出血・眼内出血**や**網膜剝離**が起こり、ネコの目が赤く見えたり、明るいところでも瞳孔が拡大したままになることがあります。程度は違っても、両目ともに変化が見られることが多いです。

視覚障害をともなうので、治療しなければ失明することもあります。視覚障害が顕著になってネコが目の前にある物にぶつかったり、不安そうな動きをとったりすることが多くなってはじめて、飼い主がおかしいと気づくことも少なくありません。

ほかには、原因となる基礎疾患にともなう症状や、よく鳴く(おそらく頭に痛みを感じて)などの症状が現れることもあります。脳血管障害が生じると、歩行困難、麻痺、意識障害や、けいれん発作などの症状が見られることもあります。

😺 診断は?

血圧を測ることで高血圧症と診断されます。次に症状に応じて一般検査や、眼の障害があれば眼底検査などが行われます。

血圧測定は、ネコの体に負担がかからない健康状態のバロメーターとなる検査です。多くの疾患と血圧の関連性が報告されているので、血圧測定はシニアネコの健康診断に組み込まれており、現在治療中の疾患(慢性腎臓病、甲状腺機能亢進症など)の経過観察をするためにも行われます。

人医療では、病院ではもちろん、家庭用の血圧測定器が手ごろな値段で購入できるので、家庭での血圧測定も定着しています。

一方、獣医療ではかならずしも血圧測定が行われていません。なかなか定着しない理由の1つに、血圧測定に時間がかかること

が挙げられます。人では自宅で血圧測定すると正常値範囲内なのに、病院で白衣を着た医者や看護師が測定すると緊張して正常時よりも高くなる**白衣高血圧**と呼ばれる現象がありますが、これはネコでも同じです。このため、血圧は1度だけではなく、測定値が安定するまで（数値のばらつきが20％以内になるまで）**同じ条件で数回測って平均値を出す必要**があります。

動物病院で血圧を測定するときには、しっぽや前肢（後肢でも）にカフを巻きますが、協力的でないネコはカフを嫌がって外そうとすることも多く、リラックスした状態での血圧測定はそう簡単ではありません。そんなときはキャリーバッグからネコを出す前にカフだけ巻いておいて、ネコが落ち着くのを（10分以上）待ってから測定したり、ネコがリラックスするなら飼い主のひざの上で測定することも可能です。

血圧測定器にはさまざまなタイプのものがありますが、近年、信頼性があり、かつ迅速・簡単に測定できる**動物用血圧測定器**が開発されており、血圧測定の重要性が認識される中、イヌ・ネコの血圧測定が徐々に普及していることも事実です。

健康なネコの収縮期血圧（最高血圧）は、測定法によっても多少差がありますが、通常80〜140mmHg、拡張期血圧（最低血圧）は55〜75mmHgです。ネコの血圧値は、高血圧によって障害を受ける臓器のリスクの有無を基準として、現在、**右ページの表**のように決められています。

😺 治療法は？

血圧を下げる治療が必要になる目安は、「**収縮期血圧が180mmHg以上、拡張期血圧120mmHg以上**」とされていますが、血圧が高いからといって、かならずしも血圧を下げる薬（降圧剤）の

第 3 章 シニアネコがかかりやすい病気

表 ネコの血圧値

単位（mmHg）

高血圧によって障害を受ける臓器のリスク	収縮期血圧	拡張期血圧
最小リスク	<150	<95
低リスク	150〜159	95〜99
中程度リスク	160〜179	100〜119
高リスク	≧180	≧120

参考：American College of Veterinary Internal Medicine（ACVIM）による合意ガイドライン（2007年）

正常血圧測定値は110/60mmHgから140/80mmHg。ストレス状態では160/100mmHgまで上昇することもあるので、場合によっては日を改めて再測定することも必要

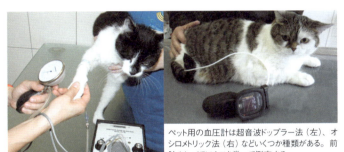

ペット用の血圧計は超音波ドップラー法（左）、オシロメトリック法（右）などいくつか種類がある。前肢やしっぽにカフを巻いて測定する
写真提供：Petra Grinninger（左）、Brigitte. Ludwig-Kahya（右）

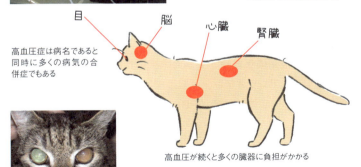

高血圧症は病名であると同時に多くの病気の合併症でもある

高血圧が続くと多くの臓器に負担がかかる

網膜剥離で瞳孔が拡大したままの右目。左目は眼内出血も見られる
写真提供：Petra Grinninger

投与が必要なわけではなく、ネコの身体状態や基礎疾患（原因疾患）に応じて投与の必要性が判断されます。投与に際しては、かならず定期的に血圧をチェックして投与量を調整する必要があります。

通常、慢性腎臓病や心臓病などの基礎疾患の症状を緩和するためにも、血圧のコントロールは大切です。特に慢性腎臓病でタンパク尿が見られる場合は、低リスクの高血圧症であっても降圧剤の投与が有効です。ただし、投与後、糸球体血管内の血圧が低下して糸球体ろ過率が減り、老廃物が排泄されにくくなるため、一時的に血液検査の腎機能を評価する数値（血液窒素（BUN）やクレアチニン（Cre））が上昇することもあります。

眼底出血や網膜剝離では、血圧が200mmHg以上に上昇していることが多く、**早期に降圧薬での治療をはじめれば視覚が回復することもある**ので、すぐに動物病院で診断を受けてください。

ネコの降圧薬はおもに2種類あります。血管平滑筋の細胞膜に存在するカルシウムイオン流入の経路を阻害して、カルシウムイオンが細胞内に流れ込むのを防ぐことで血管の収縮を抑制し、降圧効果を示す**カルシウムチャネル阻害薬**（アムロジピンやジルチアゼム）。そして、レニン・アンジオテンシン系と呼ばれる、**体液量と血液循環を維持する調節機構に作用する降圧薬です。**

これには**アンジオテンシン変換酵素（ACE）阻害薬やアンジオテンシンⅡ受容体拮抗薬（ARB）**があります。従来のACE阻害薬、たとえばベナゼプリル（フォルテコール錠）やエナラプリル（エナカルド錠）は、アンジオテンシンⅠがⅡへ変換するのを阻害することで降圧効果を示します。

そして最近、獣医療で承認されたARB、テルミサルタン（セミントラ経口液剤）は、アンジオテンシンⅡの2つの受容体（レセプ

図 レニン・アンジオテンシン系の作用イメージ

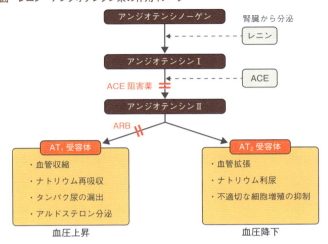

ターAT₁、AT₂)のうちの**AT₁受容体が引き起こす作用**(血管収縮やナトリウムの貯留、腎臓糸球体内の血圧上昇によるタンパク尿の漏出など)**のみを選択的に阻害**することで降圧効果を示します。

　高血圧症や肥大型心筋症には、カルシウムチャネル阻害薬やACE阻害薬が、慢性腎臓病でタンパク尿や高血圧が見られる場合は腎保護作用の強いACE阻害や薬ARBが第一選択となります。ARBはタンパク尿の漏出を抑制する効果が大きいと考えられており、脱水状態がなく検査結果で明らかにタンパク尿が見られる場合に有効です。経口液剤なので、添付のシリンジで直接口の横から投与するか、少量(小さじ程度)を好んで食べる食餌にふりかけることもでき、**ネコに受け入れられやすいという利点**もあります。

3-10 認知機能障害
～ネコが安心できる環境を構築する

🐾 どんな病気？

　認知機能が年とともに低下する**認知機能障害（CDS）**、その中でも**アルツハイマー型認知症**という病名は、多くの方が耳にしたことがあると思います。

　イヌやネコでも、人のアルツハイマー型認知症に似た認知機能障害が発症することがわかっています。イヌやネコの寿命が今ほど長くなかった何十年か前には聞かなかった病気なので、比較的新しい病気といえます。

　ネコではイヌに比べると少ない（症状が顕著でない）とこれまで考えられていますが、最近の研究では、シニア期（11〜14歳）ではおよそ30％、老年期（15歳以上）に入るとおよそ50％の飼いネコに**認知機能障害にともなうなんらかの行動変化**が認められるという報告もあります。

　人やイヌと同様、加齢にともなう脳の血管障害、活性酸素（フリーラジカル）の増加、ベータアミロイドやタウタンパクと呼ばれるタンパク質の沈着などによって脳の神経細胞にダメージが生じます。

　ダメージを受けた細胞を修復する能力も年とともに衰え、神経細胞の減少や脳の萎縮など、脳の組織構造に変化が生じ、その結果、神経細胞間の伝達能力が妨げられ、**さまざまな行動の変化**を引き起こします。

　人やイヌでは、遺伝、食生活、生活様式などが大きく影響していることがわかっていますが、ネコでは現在研究が進んでいるところです。

😺 よくある症状は?

・困惑し、方向感覚が乏しくなる

具体例
- 慣れ親しんだ場所で方向がわからない
- 目的もなくフラフラ歩く
- 狭いところから出られなくなる

・飼い主への態度が変わる

具体例
- 飼い主(家族や同居ペット)を認識できない
- なでられたり、遊んだりするのを好まなくなる
- 不安げに飼い主につきまとう

・眠りのサイクルが狂う

具体例
- 日中、寝ている時間が長くなる
- 夜の睡眠時間が短くなる

・学習や記憶

具体例
- トイレの場所がわからず、トイレ以外の場所で粗相(ウンチやオシッコ)をする
- 食べたことを忘れて食餌をねだる
- 今まで理解していたサインがわからなくなる

・活動性の変化

具体例
- 周りに興味を示さず、反応が鈍い
- あまり毛づくろいしなくなる
- 食欲に変化(多くは食欲低下)

・不安や刺激に対して過敏になる

具体例
- 怯えたり、イライラしたりしているように見える(まれに攻撃的)
- 過剰に鳴く(特に夜中)

😺 診断は？

　認知機能障害の症状は、老化のサインやほかの病気のサイン（特に、視聴覚機能の低下、骨関節炎、慢性腎臓病、甲状腺機能亢進症、高血圧症、糖尿病、脳腫瘍……）と重なることも多く、診断は容易ではありません。実際、シニアネコでは**認知機能障害とともにほかの病気を併発していることも多い**ので、必要な検査（身体検査、血液検査、尿検査、X線検査等）を行って、考えられる疾患を排除した上で慎重に診断します。

😺 治療法は？

　これという治療法は残念ながらありませんが、早期の段階で食餌療法や環境の改善、適度な運動や、脳への刺激となる遊びをできるだけ取り入れて、**病気がなるべく進行しないようにすることが大切**です。

　食餌療法では、認知機能障害の予防や症状を緩和するために、体内の活性酸素を取り除く働きのある**抗酸化成分**（ビタミンE、ベータカロテン、ビタミンCなど）や、認知機能低下や脳萎縮を抑制する働きが期待できる**オメガ3脂肪酸**（EPAやDHA）をなるべく多く含む食餌（高齢ネコ用フード）を摂取することが推奨されています。

　EPAやDHA、抗酸化物質を含むサプリメント（栄養補助食品）も多く市販されています。たとえばアクティベートキャット（AKTIVAIT CAT）はその1つに挙げられます。英国の製品ですが、日本に代理店があるようなので、興味のある方はかかりつけの獣医師に問い合わせてもらうとよいでしょう。

　フリーラジカルのダメージを防ぐ抗酸化作用のある物質**αリポ酸**を含んだペット用やイヌ用のサプリメントがありますが、αリ

ポ酸は人やイヌに比べて、ネコに対しては10倍もの毒性があることがわかっています。ペット用だからと安易に与えず、かならず成分をチェックしましょう。なお、αリポ酸を配合した人用のダイエット系やアンチエイジング系サプリもあるので、ネコが間違って食べないように注意してください。死亡事故も発生しています。

治療薬としては、神経伝達物質の1つであるドーパミンの量を増やす薬**セレギリン（アニプリルなど）**や、脳の血流増加を促す薬などが用いられます。セレギリンは本来、人のパーキンソン病治療の薬ですが、イヌ・ネコの認知機能障害の症状を改善する効果があることがわかり、欧米ではイヌの認知機能障害の治療薬として認可を受けています。ネコではまだ実証例が多くありません。

🐾 ネコに優しく接する

大切なことは、ネコにとって安心できる快適な環境を整え（**4-8**参照）、特にネコのストレスになるような**大きな変化を避ける**ことです。そして、グルーミングやスキンシップを通して家族全員が穏やかな気持ちでネコにやさしく接して、安心感を与えてあげるとともに、精神的・肉体的に適度な刺激を与えるようなネコの好きな遊びを工夫してみましょう。

飼い主をいちばん困らせる症状の1つに**夜鳴き**がありますが、これはネコが「ご飯ちょーだい」「部屋に入れて」などと飼い主になにかを要求して鳴くのとは違い、目的もなく大きな声で鳴き続けます。そんなときは、**やさしく声をかけたり、なでてあげたりする**ことで安心させてあげましょう。

牛乳の成分であるアルファ-S1 トリプシン カゼインを含むイヌ・ネコ用の健康補助食品**ジルケーン（Zylkene）**には、不安をやわらげる効果があるので試してみてもよいでしょう。

COLUMN3 なぜドイツではウエットタイプのフードが主流なのか？

　ドイツでも日本と同様にいろいろなキャットフードが販売されており、飼い主が頭を悩ませるのは同じです。しかし、両国のペットフードコーナーを見比べて、まず気が付くのは、ドイツでは缶詰、アルミトレイ、レトルトパウチなどの（多くは85～100g入り）**総合栄養食**であるウエットフードの種類が圧倒的に多いことです。

　ウエットフードは総合栄養食、一般食、間食など、さまざまな種類がありますが、ドイツで販売されているウエットフードのほとんどは総合栄養食です。スーパーマーケットにも数種類の総合栄養食のウエットフードが、かならず並んでいます。

　両国のキャットフード市場（2015年）を占めるドライタイプとウエットタイプの割合を調べてみると、ドイツでは1：3.6、日本では1：0.85となっています。水分摂取量やタンパク質重視、嗜好性という点から、ウエットタイプのフードがドイツでは推奨されていますが、日本に比べてウエットフードの単価が低いことも普及理由の1つでしょう。

　ネコのおやつは、ドイツでは日本と同じ商品や似た商品も多く販売されていますが、ネコ用のジャーキーが多く販売されています。ジャーキーはやわらかめの細い棒状で1本1本包装されており、さまざまな味があります。ほとんどのネコは、このジャーキーが大好物です。1cmほどにちぎったジャーキーに薬を挟み込んで食べさせたり、食欲のないときに小さくちぎってパラパラとフードにトッピングしたりなど、とても重宝するおやつです。日本の**かつお節**に匹敵するかもしれません。

第4章
シニアネコに適した食餌と環境

4-1 シニアネコに適したフードってなに？
〜かならずパッケージをチェックする

　毎日の食事の時間はネコにとって最もウキウキするひとときであり、ネコがおいしそうに食べてくれれば、こちらまで幸せな気分になります。ネコが喜んで食べてくれ、健康が維持できて、安心して与えることができ、しかも納得のいく価格のフードがあれば最高なのですが……。

　ネコに必要な栄養素をバランスよく含む**総合栄養食**と呼ばれるフードを主食として与える飼い主が大多数だと思いますが、その種類は膨大で調べれば調べるほど「どのフードを選べばよいかわからない」というのが実状ではないでしょうか。

　まずは、フードのパッケージの記載項目の原材料名、成分（保証成分）、代謝エネルギー（カロリー含有量）をチェックしてみましょう。**原材料名は使用量の多い順に記載**されています。主原料が肉類や魚介類で、曖昧な表現（ミートミール、フィッシュミールなど）ではなく、素材の名称が（チキン、ターキー、まぐろ、かつおなど）はっきりと記載されているフードは安心できます。

　穀物（トウモロコシ、小麦、米など）が最初に書かれていれば、炭水化物を多く含むと考えられます。最近は穀物をまったく含まない（**グレインフリー**）、炭水化物の割合を抑えたドライフードも多種ありますが、穀物を含まなくてもイモ類や豆類からの炭水化物を多く含むフードもあるので、**グレインフリーがかならずしも低炭水化物を意味するわけではありません。**

　酸化防止剤はフードの安全性を維持するために必要ですが、合成酸化防止剤ではなく天然由来の酸化防止剤が使われているか、合成着色料・香料などの添加物が含まれていないフードなら安全

性が高いといえます。原材料名の欄にわからない言葉が出てきたら、どんな物質なのかインターネットで調べてみましょう。

各成分の割合をチェックする

　成分は通常、タンパク質、脂肪（脂質）、繊維、灰分、水分のおおよその含有量が％で表示されています。炭水化物（％）は記載されていませんが、大まかに**炭水化物（繊維質を除く炭水化物）≒100－（タンパク質＋脂肪＋繊維＋灰分＋水分）**と考えるとよいでしょう。

　米国飼料検査官協会（AAFCO）が発表しているネコ用の栄養基準のガイドラインでは、ネコに重要な栄養素であるタンパク質、脂肪のそれぞれの最小必要量（乾燥重量あたり）はそれぞれ26％、9％となっています。市場に出ているほぼすべてのフードはこの基準値を満たしていますが、その原材料の質や消化吸収率などをはっきり確認するのは難しいのが現実です。

　ほかに（商品によっても違いますが）ミネラルやビタミンなどの成分の含有量も記載されています。そして**代謝エネルギー**と呼ばれる、体内で利用できるエネルギー量と給与量の目安（100gのフードあたり）が記載されています。

　どちらのフードにするか迷ったら、メーカーのサイトなどを参考にさまざまな情報を表に書き出して比べてみると、違いが明らかに見えてくることもあります。とはいっても、飼い主がいくら最適なフードを用意したところで、ネコが食べてくれなければどうしようもありませんが……。

ドライフード vs. ウエットフード

　フードは、水分含有量の違いによって**ドライフード**（水分10％

前後）や**ウエットフード**（水分70〜80％）などに分類されます。ちなみにネズミの体はおよそ70％の水分を含みます。ウエットフードは水分を多く含むので、ドライフードに比べて同量あたりの代謝エネルギーが低くなります。たとえばウエットフードだけで同量のエネルギーを得るためには、**ドライフードのおよそ4倍の量**を食べなければいけないことになります。

　ウエットフードは本来肉食のネコの自然の食餌に近い食感や栄養バランスで、水分も十分に含まれているというメリットがあります。しかし主食として与えることができる**総合栄養食**の種類はあまり多くありません。一方、ドライフードはウエットフードに比べて、保存しやすく価格が手ごろというメリットがあります。また、病気の食事管理のための療法食にはドライフードが多いのも事実です。

　災害などの非常時にはかぎられたタイプのフードしか手に入らないことなども考慮すると、子ネコのときからさまざまな形状や味のフードを与えて、偏食にならないようにしておくほうが安心できます。

🐾 ドライフードは炭水化物が多め

　ネコも**3大栄養素**と呼ばれる**タンパク質**、**脂肪**、**炭水化物**からエネルギーを得ますが、フードの種類によってこの割合には大きな差があります。ドライフード、ウエットフード、ネズミを例にとってエネルギーのバランスを比べてみると、ドライフードでは炭水化物からのエネルギー源が、通常30〜45％と高くなっています。エネルギー源として肉や魚よりも安価な穀物を使用することで、製造コストを抑えることができるからです。

　もともと純粋な肉食動物であるネコの栄養素のバランスを考え

ると、炭水化物はネコにとって重要な栄養素ではありません。「炭水化物の割合が多い食餌がネコの肥満や糖尿病の原因になっているのでは……」と考えられて多くの研究がなされていますが、その事実関係を証明する研究報告は現在のところないようです。とはいえ、ネコに必要な栄養素のバランスを考えると、**全エネルギー量の少なくとも55％以上はタンパク質と脂肪から摂取するべき**でしょう。

図　エネルギー源としての3大栄養素の割合

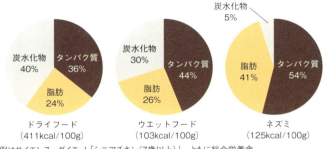

例はサイエンス・ダイエット「シニアチキン（7歳以上）」。ともに総合栄養食

🐾 シニアネコの食餌

ライフステージに合わせたシニア用（〜歳からの、高齢ネコ用、老齢ネコ用など）のフードは、その表示に明確な基準はなく、成ネコ用の総合栄養食の基準を満たしたフードをもとに**さまざまな工夫**が凝らされています。

たとえば、3大栄養素（タンパク質、脂肪、炭水化物）の割合が調整されています。それぞれネコの体の中で脂肪はおよそ8.5kcal、タンパク質と炭水化物はおよそ3.5kcalのエネルギーになり（1gあ

たり)、脂肪の割合が高いフードほどエネルギー密度が高い、つまり高カロリーのフードになります。このため、太りやすい中年用(7歳ごろから〜)のフードは低脂肪・低カロリーに、反対に食が細くなってくるシニア用(12歳ごろから〜)のフードは、少量でも必要な栄養やカロリーが摂れるように高脂肪・高カロリーに調節されていることが多くなります。また、リンやナトリウムの含有量が低減されていたり、内臓機能が衰えてくるシニアネコのために消化のよい原材料が使用されていたりします。

ほかにも免疫力を保つ**抗酸化成分**(ビタミンE、ビタミンC、ベータカロテン)、**オメガ3脂肪酸**(DHAやEPA)や**オメガ6脂肪酸**をバランスよく含み、関節の健康維持のための成分が配合されていたりします。

メーカーによっても成分に大きな差があるので、ネコの健康状態に応じて上手に利用するとよいでしょう。7歳になったからといって、急に7歳からのフードに替える必要はありませんが、特にシニア期(11歳以上)に入ったら、**良質のタンパク質を含み、免疫力を維持する抗酸化成分や炎症を抑制する作用のあるオメガ3脂肪酸を十分配合したフード**を選ぶことをお勧めします。

🐾 水分補給にもなるウエットフード

そして、水分の不足しがちなシニアネコに水分を摂ってもらうために、**ウエットタイプのフードの割合を増やしましょう**。たとえば、1日のうち1食はウエットフード、それ以外はドライフード、あるいはドライにウエットを混ぜるなど、両方を上手に組み合わせれば水分摂取量も増え、日々の「メニュー」も充実します。時間のある方は、たまにならネコが好む新鮮な素材(鶏のささみ、白身の魚、卵など)を味付けせずに調理して少量(20%以内)加えて

第4章 シニアネコに適した食餌と環境

あげると、さらにメニューが充実します。

ただし、それに味をしめて、メインのフードを食べなくなると困るので、あくまでも**少量をたまに加えて**あげましょう。ネコがこれなら食べるという大好物をいくつか見つけておくと、食欲がないときのトッピングとしても使えます。ただし、太り気味のネコの場合は、その分メインのフードの量を減らすことを忘れずに。

ネコには個体差があるので、健康状態(毛づやや排泄物の状態など)を日々観察しながら、最終的には**ネコが喜んで食べてくれ、そのネコに最適な栄養バランスとエネルギーバランスのフードを、理想体形、体重を維持できるように適量与える**ことが健康維持につながります。

次の節では、ボディコンディションから理想体重と、ネコが1日に必要なエネルギー量を把握した上で、太りやすい中年期とやせる傾向にあるシニア期に分けて、それぞれに適したフードや与え方を具体的に見ていきましょう。

図　シニアネコの食餌のポイント

病気が見つかれば療法食を。また、理想体形、体重のキープが重要である

4-2 ネコの「理想体重」を量る方法
~ボディコンディションスコアで確認する

　まずは、現在ネコが太っているのか、やせているのかを知るために、**理想体重**を推定することが大切です。ネコの理想体重は、そのネコの1歳から1歳半のときの体重が目安になりますが、その時期の体重を測定していなかったり、年齢不詳の成ネコを家に迎え入れることもあるでしょう。

　そんな場合は**ボディコンディションスコア（以下、BCS）**を使って、そのスコアから理想体重を推定します。BCSは、**5段階**に分けるものと、よりくわしく**9段階**に分けるものがあります。5段階のBCSスコアでは、3（理想的な体形）からスコアが1つ増えたり減ったりするごとに、**理想体重のおよそ20%の増減**があると考えます。たとえば、スコア4（太り気味）であれば理想体重からおよそ20%オーバー、3と4の中間ぐらいであれば理想体重からおよそ10%オーバーです。過剰体重がわかれば、理想体重を以下の計算式で計算します。

$$理想体重 = \frac{100(\%)}{100(\%) + 過剰体重(\%)} \times 現在の体重$$

　たとえば、現在、スコア5/5（太りすぎ）で体重7kgのネコの理想体重を求める場合、理想体重は$\frac{100}{100+40} \times 7 = 5$で、5kgということになります。反対にスコア2/5（やせ気味）だと、体重が理想体重からおよそ20%減少しているので、体重が3kgのネコの理想体重は、$\frac{100}{100-20} \times 3 = 3.75$で、理想体重は3.75kgです。では、おおよその理想体重がわかったところで、太りすぎ（太り気味）、やせすぎ（やせ気味）のネコへの対策を考えてみましょう。

第4章 シニアネコに適した食餌と環境

図　ボディコンディションスコア（BCS）

スコア	体形	体重（状態）	評価ポイント
1/5		やせすぎ。理想体重のおよそ60%	短毛種では肋骨・腰骨などの骨が明らかに見え、容易に触知できる。腰に著しいくびれ。体脂肪が触知できず、腹部に著しいへこみ。
2/5		やせ気味。理想体重のおよそ80%	短毛種では肋骨・腰骨などの骨が見え、容易に触知できる。腰にはっきりとしたくびれ。腹部にわずかな体脂肪。
3/5		理想体重	わずかな脂肪に覆われ肋骨が触知できる。腰に適度なくびれ。腹部に薄い脂肪層。
4/5		太り気味。理想体重のおよそ120%	中程度の脂肪に覆われ、肋骨の触知が困難。腹部は丸みを帯び、腰のくびれはほとんどなし。腹部は中程度の脂肪層に覆われている。
5/5		太りすぎ。理想体重のおよそ140%	厚い脂肪に覆われ、肋骨は触知できない。腹部は膨張し、腰のくびれなし。胸部、腰部、四肢などに厚い脂肪が付き、腹部は過剰な脂肪層に覆われ、たるんで垂れ下がっている。

4-3 太り気味のネコをどうダイエットさせるか？
～飼い主による体重・食餌管理が必須

　太り気味のネコも愛嬌があってかわいいのですが、肥満はさまざまな病気（特に糖尿病、肝リピドーシス、下部尿路疾患、関節炎や皮膚病など）の引き金となり、**肥満ネコは理想体重を維持しているネコよりも平均寿命が短い**という報告もあります。

　特に必要なエネルギー量が25～35％減少する去勢・避妊手術をしたネコ、年齢では特に5～11歳ごろに太っているネコが多く見られ、エネルギー密度の高いドライフードを常に食べられるように置いておくことも肥満のリスク要因として挙げられます。ネコの肥満を防ぐためには**飼い主の食事管理**が重要になってきます。

　ネコが太るのは、摂取カロリーと消費カロリーのバランスが保たれていない、つまり**食べすぎ**（過剰なエネルギー摂取）か**運動不足**（不十分なエネルギー消費）です。飼い主が適正量のフードを与えているつもりでも、カロリーを摂りすぎていることがよくあります。

　たとえば、「フードを量らずに目分量で与えている」「ねだられるたびに家族の各々がおやつをあげている」「複数のネコを飼っていて、どのネコがどれだけ食べているのかわからない」「（理想体重ではなく）現在の太った体重の（フードに記載されている）参考給餌量を与えている」「カロリーの低い減量用のフードだからと安心して好きなだけ与えている」などです。フードに記載されている参考給餌量はあくまでも目安なので、**飼い主が量を調節**する必要があります。

🐾 1日に必要なエネルギー量を把握する

　まずは、**ネコが1日に必要なエネルギー量（カロリー）を知る**

第4章 シニアネコに適した食餌と環境

必要があります。このエネルギー量を求める複雑な計算式が多数考案されていますが、計算式によって数値に大きな差があります。いちばん簡単なのは、去勢・避妊手術をし、室内で飼われている平均的な体重（3〜5kg）の成ネコが必要とするエネルギー量を**体重1kgあたりおよそ55kcalと考える方法**です。

ただ、体重あたり必要なエネルギー量は体重が増えるにつれて減少するので、体重が5kg以上や活動量の少ないネコでは、これを45〜55kcal、反対に体重が3kg以下や活動量の多いネコでは55〜65kcalほどと考えます。

1日に必要なエネルギー量がわかったところで、減量が必要な場合はそこから**30〜40％摂取カロリーを減らします**。たとえば、理想体重が5kgの太りすぎのネコ（現体重7kg）を例にとってみましょう。必要なエネルギー量は通常275kcal（5×55）ですが、減量が必要な場合は摂取カロリーを35％減らして179kcalにします。あるいはもっと簡単に、肥満ネコの1日に必要なエネルギー量を理想体重1kgあたりおよそ35kcal（30〜40kcal）と考えてもかまいません。

1日に必要なエネルギー量がわかれば、それをもとに給餌量を計算できます。

表　成ネコが1日に必要なエネルギー

体重	体重1kgあたりに必要なエネルギー量（kcal）
3kg以下、あるいは活動量が多い	55〜65
3〜5kg	55
5kg以上、あるいは活動量が少ない	45〜55

$$1日あたりの給与量 = \frac{1日に必要なエネルギー量}{代謝エネルギー} \times 100$$

 たとえば、100gあたりの代謝エネルギーが「380kcal/100g」と記載されているドライフードであれば、1日あたりの給与量は、$\frac{179}{380}$×100≒47で、47gになります。与える量を1度きちんと量って、カップなどに目印を付けておきましょう。

🐾 水分が多いウエットフードはダイエット向き

 ウエットフード（総合栄養食）を加える場合には、その分、カロリー（給餌量）を**ドライフードから減らさなくてはなりません**。たとえば、1缶85gのウエットフードを上記のドライフードに加える場合を考えてみましょう。

$$減らすドライフードの量 = \frac{与えるウエットフード量の代謝エネルギー}{ドライフードの代謝エネルギー} \times 100$$

 ウエットフードのラベルに100gあたりの代謝エネルギーが「85kcal/100g」と記載されていれば、与える1缶分（85g）の代謝エネルギーはおよそ72kcalなので、減らすドライフードの量は$\frac{72}{380}$×100≒19となります。つまり、ドライフードを19g減らして28g（47−19）与えればよいことになります。計算が面倒であれば「40〜50gのウエットフードに対してドライフードをおよそ10g減らす」と考えてもよいでしょう。

 筋肉を維持しながら摂取カロリーが抑えられるように低脂肪・高タンパクに調整され、満腹感を持続させるために食物繊維を多く含み、L-カルニチン（脂肪酸を燃焼させる働きがあるアミノ酸）を配合してあるフードも、さまざまなメーカーから出ています。「ダイエット用」「体重ケア」などの言葉を鵜呑みにせず、**かならず**

第4章 シニアネコに適した食餌と環境

成分をチェックして、**低脂肪・高タンパク・低カロリーに調整されているか**確認しましょう。

また、水分を多く含むエネルギー密度が低いウエットフードのほうがダイエットに向いているので、**好んで食べるならウエットフード（総合栄養食）の割合を増やすほうが効果的**です。与える際には、消化のためのエネルギー消費を増やしたり、空腹時間を減らすため、1日の総量を小分けにして回数を増やすようにします。

カロリーを消費したり筋肉を維持するためにも、適度な運動が大切なのはいうまでもありません。遊んであげたり、フードを探す遊びを取り入れたりましょう（**4-9参照**）。ダイエットは決して無理をせずに、かならず週に1度はネコの体重を測定し、**週1〜2%程度の体重減少を目標**に長い時間をかけます。体重が減少しなかったり、反対に急激に減少しすぎる場合は、摂取カロリー（給餌量）を5〜10%変えて調整します。

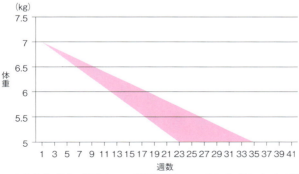

図 理想的なダイエットは長期計画で

たとえば、現在の体重が7kgで理想体重が5kgであれば、図のピンクの期間内（23〜35週）でのダイエットが理想的

4-4 やせ気味のネコにどう食餌を与えるか？
～やせる原因を考慮した上で食餌を見直す

　体重減少はシニアネコに多い病気のサインであることが少なくありません。病気によっては食餌管理を目的とした療法食が必要なこともあるので、まずは、身体上の問題がないか健康チェックをしてもらうことが大切です。特に、食欲がなく食べないからやせているのか（慢性腎臓病、関節炎の痛みなど）、食欲があるのに食べることが困難なのか（歯周病や口腔内の扁平上皮がんなどの口腔内疾患）、食べているのにやせているのか（糖尿病、甲状腺機能亢進症、悪性腫瘍など）を見極めることが大切です。

　とはいえ、**2-2** でお話ししたように、健康でもシニア期に入ればネコはやせる傾向にあります。通常の活動をしながら体重を維持するのに必要なエネルギー量（維持エネルギー要求量）は、人やイヌでは年をとるに従って低下しますが、ネコではシニア期に入るころに再びやや上昇します。この時期には栄養の消化機能（12歳ごろから脂肪の、14歳ごろからタンパク質の）が徐々に低下し、**摂取した栄養素を効率的に吸収できなくなってくる**からです。

　さらに、内臓機能の低下や嗅覚や味覚の衰えで**食が細くなり、体重減少に拍車をかける**ことになります。食餌への嗜好に変化が現れ、わがまま（選り好みする）になることもあります。

　やせ気味のシニアネコには、内臓機能や筋肉を維持するためにも高品質で消化吸収率のよいタンパク質を多く含み、必要な栄養素がバランスよく調整され、体重を維持できるように十分なエネルギーを供給してくれる**高脂肪・高カロリー**のフードを食べてほしいところです。**4-1** を参考にして、フードのパッケージをしっかりチェックした上で、ネコの嗜好に合わせてフードを選び

ましょう。やせ気味の高齢ネコのための療法食もあるので、わからなければ、一度かかりつけの先生に相談してみましょう。ドライフードを食べるのが難しければ、ぬるま湯やささみ、魚のゆで汁でふやかして軟らかくしたり、ネコの大好物の食材やウエットフードを少量トッピングしたりして混ぜ込むとよいでしょう。

食材のミネラル含有量は簡単に調べられる

慢性腎臓病や尿路結石などの病気で食材（魚介類、肉類など）の**ミネラル含有量**が気になるときは、インターネットで文部科学省の「**日本食品標準成分表2015年版（七訂）**」を検索すれば簡単にチェックできます。たとえば、多くのネコが好きなかつお節（人用）や煮干しと、ドライフードに含まれる栄養成分を比べてみましょう。

正確に比較するには水分含有量を考慮しなければなりませんが、大まかに見比べても、煮干しのほうがかつお節よりミネラル含有量が多いのがわかります。少量のかつお節をトッピングしても問題ないのに比べ、煮干しは（ペット用でも）お湯で塩抜きをしてもリンやマグネシウムの量は変わらないので注意してください。なお、

表　食材によるミネラル含有量の違い

	かつお節	煮干し(いりこ)	ドライフード※
カルシウム(%)	0.028	2.2	1.2
リン(%)	0.79	1.5	1
ナトリウム(%)	0.13	1.7	0.38
マグネシウム(%)	0.07	0.23	0.08
水分(%)	15.2	15.7	12
カロリー(kcal/100g)	356	332	350

※ドライフードの例はピュリナ プロプラン「体型と尿路のケア」

リンとカルシウムをバランスよく摂ることが重要ですが、理想的なリンとカルシウムの割合は 1:1.1 〜 1.3 です。

🐾 フードを食べてくれないときは？

しかし、どんなフードでも、食べてくれなければどうしようもありません……。新しいフードを片っ端から与えて「食べてくれた」と喜ぶのもつかの間、2 〜 3 度目には、またそのフードも食べてくれなくなる……という堂々巡りをしている飼い主も多いのではないでしょうか。

実際、年をとって食の細くなったネコには、手を替え品を替えて、なんとか食べてもらうしか手がないこともあります。以下、できるかぎりのことを試してみましょう。

まず、フードボールには陶器、ガラス、ステンレス、プラスチックなどさまざまな素材がありますが、**フードボールの種類や大きさ、置き場所を変える**と、不思議と食べだすネコもいます。ネコが頭を下げなくても楽に食べられるようにフードボールを台の上に置いたり、高さのあるものを購入することもできます。使わなくなった皿（デザート皿やアイス皿など）を利用するなど、家にあるもので工夫してもよいでしょう。

少量しか食べられないネコには、**与える回数を多くする**と、内臓への負担が少なくなります。ウエットフードなら何種類かを製氷皿などでキューブ状に冷凍しておくとメニューが豊富になり、フードを無駄にすることもありません。与える分量だけ湯煎や電子レンジで（弱めのワット数で）解凍するか、1 日前に冷蔵庫で解凍しておきます。

与えるときは、嗅覚が刺激されるように**人肌程度に温める**（電子レンジなら 10 〜 20 秒）と食欲が出ることもあります。あるいは

第4章 シニアネコに適した食餌と環境

フードを鼻先まで近づけたり、飼い主の指に少し付けてにおいをかがせたり鼻先になすりつけたりすると「思い出したように」食べだすこともあります。

　時間はかかっても、無理強いせずに根気よく食べるように促しましょう。飼い主が傍らで励ましたり、ほめたりすることで食べる意欲が湧くネコもいます。ごはんを自分で食べられないときの**強制給餌**については、**5-6**を参照してください。

4-5 療法食を食べてくれないときは？
～「9つのポイント」を試してみる

　ネコになんらかの疾患が見つかると、病状に適した栄養バランスに調整された食餌（**療法食**）を与えることが必要になります。療法食を食べることを想定して、ネコが若いうちから、さまざまなタイプのフードを食べるようにしておくのが理想的です。

　そして療法食に切り替えるときは、これまでのフードに対して、新しいフード（療法食）の割合を少しずつ増やしながら、**時間をかけて（1週間程度）切り替えます**。なるべく大きめのフードボールに、2種のフードを混ぜずに並べるように置いて、療法食を食べているか確認しましょう。

　ネコは気分が悪いとき（吐き気がするなど）に出された食餌は、嫌悪感と結び付いて、調子がよくなっても食べなくなることがあるので無理強いはやめましょう。ネコの食欲がある段階で切り替えることができれば理想的です。

　4-4と重なるところもありますが、以下、**療法食に切り替えるときのポイント**を挙げておきます。

①今まで与えていた食餌に少しずつ混ぜ、時間をかけて（1週間ほど）切り替える。
②体温ぐらいの温度に温める。
③飼い主の指先に少し付けたり、飼い主の手から与えたりしてみる。
④ネコの口の周りや鼻先になすりつけたり、手にぬってあげたりすると舐めはじめることもある。
⑤お湯や好みのゆで汁でドライフードをふやかして軟らかくする。

⑥食べないときは違うタイプ(ドライタイプかウエットタイプ)やほかのメーカーの療法食を試す。
⑦ネコが好んで食べる"大好物"を少量だけトッピングする。
⑧食事の前に5分ほど遊んで、お腹をすかせる。
⑨どうしても食べない場合は(療法食の種類にもよるが)、ネコが好んで食べる最適なフードを総合栄養食の中から探してみる。たとえば、腎臓病用療法食ならリン低減・低タンパク質に調整してある(シニアネコ用)フード、糖尿病用療法食なら低炭水化物・高タンパク質・低脂肪に調整してある(減量用)フードを探す。

ただ、ネコの状態によっては、なによりも(療法食でなくても)食べてくれること(＝エネルギーの摂取)が重要になってくることもあります。場合によっては獣医師に相談して**食欲増進剤**を処方してもらったり、どうしても食べない場合は**強制給餌**で食べさせる方法もあります(**5-6**参照)。

図　新しいフードへの切り替え

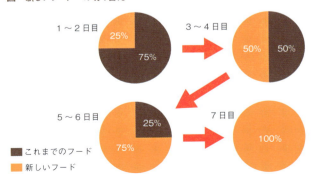

🐾 多頭飼いで困ったら

　ネコを多頭飼いしている場合は、異なる種類のフードを与えなければならないため(療法食にかぎらず)、食い意地の張ったネコが横取りしようとして困ることもあると思います。

　そのような場合は、以下のような対策があります。

- 食餌のとき、飼い主が常に見張る。
- それぞれ別の場所(別の部屋や大きめのケージなど)で食餌を与える。
- どちらか(たとえば太ったネコ)が入れないような場所や、上れないような高い位置にフードボールを設置する。
- 自動給餌器「シュアーフィーダー マイクロチップ(Sure Feed)」を使う。

　シュアーフィーダー マイクロチップは、あらかじめ登録したネコにのみ専用のフードを与えることができます。ネコに挿入されているマイクロチップ、あるいは付属の首輪に付ける認識タグがセンサーに近付くと、自動的にフードボールのふたが開閉する仕組みになっているからです。

　食べ終わるとふたが閉まるので、フードが衛生的に保たれるという利点もあります。

　インターネット通販で購入可能(23,000円)です。長期的に見れば、時間や忍耐力のない飼い主にとっては画期的な商品かもしれません。

第4章 シニアネコに適した食餌と環境

ネコに挿入されているマイクロチップか付属の首輪に付けるタイプの認識チップに反応してそのネコの時だけふたが開く仕組み。だから留守中も安心！

シュアーフィーダー マイクロチップ。ネコが自動給餌器に慣れるまで少し時間（2〜3日）がかかることもあるが、トレーニングの仕方も説明されており、たいていのネコは問題なく使用しているようだ

4-6 適量の水をネコに飲んでもらうには？
〜あちこちに新鮮な水を置く

　自然界では必要な水分量の大半を獲物の体から摂取するので、ネコはもともとイヌのように水をガブガブ飲む習性はありませんが、病気の予防（尿路結石や膀胱炎など）や健康維持には**水分補給**が欠かせません。

　シニア期に入ったら、腎臓への負担を軽くするためにも、十分に水分を摂ってもらう必要があります。ネコによって水の好みも違うので、水を飲んでもらうためにネコの個性に合わせていろいろ工夫してみましょう。

　水を入れる容器はフードボールと同様、さまざまな素材や大きさのものがあるので、**ネコの好みの容器**を選びましょう。縁ギリギリまで水を入れた大きめのグラスのコップから水を飲むのが好きなネコもいます。水入れを毎日洗って清潔に保つことはいうまでもありません。

　水を入れる容器はフードと並べて置く必要はありません。床にかぎらず、少し高い位置など、ネコがよく通る**いろいろな場所に複数（最低でも3つぐらい）の水入れ**を置いてみましょう。通りがかりに飲んでくれることもあります。

　また、ネコは**新鮮な水**を好みます。水道の蛇口から流れる水を飲むのが好きなネコには、水道の蛇口からちょこちょこ飲ませてあげたり、水が循環してチョロチョロと流れる循環式自動給水器を試してみるのもよいでしょう。水が入っているにもかかわらず、なぜか水の容器の前でじっと「お水ちょうだい」と待って、水を入れ替えてあげたとたんに飲むネコもいます。そんなわがままなネコには、新鮮な水を頻繁に入れてあげましょう。

第4章 シニアネコに適した食餌と環境

　水の温度については、少し温めた水や湯冷ましした水を好んで飲むネコがいる一方で、氷を浮かべた水を好んで飲むネコもいます。場合によっては、製氷皿にウエットフードやツナ缶の汁などを少しだけ混ぜて水を凍らせて、水の入った容器に1個浮かべてもよいでしょう。

水を飲んでもらいたい！対策

好みの水入れを部屋の
いろいろな場所に置く。
目盛りの付いた水入れなら
飲んだ水の量がわかりやすい。

チョロチョロ♡

循環式自動給水器

動いてる水が好き！

人の指につけた水が好きなネコ

ぬるま湯好きなネコ、
氷を浮かべた水が好きなネコ、
水入れにおもちゃ（きれいに洗ったもの）
を入れたりすると（興味がわくのか）
飲みはじめるネコもいる。

🐾 水を味付けしてもよい

飲む必要がある水の量は、フードのタイプによって変わります。ウエットフードだけを食べるネコは、必要な水の大部分をフードから摂取できますが、**ドライフードだけを食べるネコは、たくさん水を飲む必要があります**。

このため、食べてくれるならドライフードにぬるま湯やささみのゆで汁をかけたり、水分を多く含むウエットタイプの総合栄養食に切り替える(すべてではなく一部でも)ことで、水分の摂取量を増やせます。

ネコの好みに合わせて、好みのゆで汁、ツナ缶の汁、あるいはミルク(飲むネコなら)などを、いずれも水に少量加えて味付けすることもできます。

どうしても飲んでくれなければ、シリンジに入れて少しずつ飲ませることもできます。

シリンジやスポイトからでも 飲んでもらいたい！ 対策

強制的にではなく、水の入った容器の上でシリンジやスポイトを使って水を入れたり出したりして興味を引く。

おもしろいのかシリンジやスポイトから出てくる水を自ら飲んでくれることもある。

第4章 シニアネコに適した食餌と環境

4-7 老ネコに最適なトイレを構築するには？
～オシッコに失敗するには理由がある

　今までなんの問題もなくトイレを使っていたシニアネコが急にトイレ以外で粗相しはじめたら、膀胱炎など**泌尿器系の病気**の可能性があります。特に慢性腎臓病や糖尿病のネコは細菌性の膀胱炎になりやすいので、まずはきちんと検査してもらいましょう。

　第3章でお話しした骨関節炎や認知機能障害、また、ストレスや、トイレになんらかの不満があることが原因で粗相をしはじめることもあります。年齢とともに関節や筋肉が衰えて、排尿の体勢を整えるのに十分な時間がかけられず、おしりだけがトイレからはみ出して排泄したり、単にトイレに間に合わなかったということもあります。

　排尿時の様子を注意深く観察して原因を突き止め、**決して叱ったりせず、寛容な気持ちで対処する**ことが大切です。

　ネコが粗相をしたら、まずオシッコの水分をできるかぎりふき取って（洗えるものは洗濯して）、酵素入り洗剤や水で2倍に薄めたお酢溶液を使い、完全にオシッコのにおいを取り除きましょう。しつこいにおいには消臭剤を使います。

　ネコはトイレにこだわりがあり、トイレのタイプ（カバー付き、カバーなし、システムトイレなど）や砂の好みもさまざまです。今まで使っていたトイレ用の砂が急に気に入らなくなることもあります。ほかの種類のトイレや砂を試して、**ネコに気に入ったトイレを選んでもらうことで問題が解決する**こともあります。

　ネコは本来きれい好きなので、病気でやせ細って立つのがやっとという状態でも頑張って自力でトイレに行こうとします。シニアネコがなるべく使いやすいように、たとえばネコがまたぎやすい

ようなトイレの縁が低いタイプや、大きめのカバーなしのトイレに替える、トイレの入口に滑り止め（バスマットなど）を設置するなど気を配ってあげましょう。また、トイレに行くのが間に合わないような場合は、トイレをネコのよくいる寝場所に近づけたり、数を増やして近くにも設置するなどの配慮が必要です。

急に粗相をしはじめる理由

「膀胱炎などで排尿時に痛い」
「おしりがトイレからはみ出していることに気づかない」
「敷居が高くてまたげない」
　　など、さまざま。

★ ネコが使いやすいようにトイレを工夫する。

縁を低くするか入口に踏み台をつくる

バスマットなどを敷いてあげる

前開き収納ボックスのふたを外してトイレとして利用する

器用な人は、プラスチック衣装ケースの前面（入口）をくり抜いてもよい。

第 4 章　シニアネコに適した食餌と環境

4-8 「お気に入り」の場所を用意する
～ 冬は湯たんぽなどで暖かくして

　1日の大半を寝て過ごすシニアネコにとって、安心してくつろげる「お気に入り」の場所はとても大切です。特に複数のネコを飼っている場合は、**それぞれのネコに誰にも邪魔されずにくつろげる場所を提供**してあげることが、同居ネコとの摩擦を避けるためにもかかせません。飼い主が新しく用意した寝床をすぐに使ってくれないこともありますが、ネコのにおいの付いたクッションやタオルを敷いてみるなどして気長に待ちましょう。

　市販のキャットタワーを利用したり、お金をかけなくても段ボールの箱にフリース素材のいらなくなった服を敷いたり、本棚の一部を空けたりなど、いろいろと工夫してみましょう。移動用のキャリーバッグにお気に入りのクッションなどを敷いておけば、安心できる隠れ場所になります。**出窓**や**バルコニー**は、日なたぼっこをしたり、外の刺激を楽しんだりできるので、お気に入りの場所になること間違いなしです。ただし、バルコニーは転落防止ネットなどの安全対策を忘れずに。

　運動能力の低下や関節の痛みのせいで、今までお気に入りだった寝床、観察場所、隠れ場所などに以前のように簡単に行けなくなることもあります。**行きやすい別の場所に寝床**をつくってあげたり、**台**や**イス**を設置するなど工夫して、段差が少なくなるようにさりげなく配慮してあげましょう。市販のペット用のステップやスロープを利用することもできます。ただし、筋肉を維持してもらうためにも、あまり甘やかすのはいけません。

　着地する場所がフローリングやタイルのように、硬くて滑りやすい素材の場合は、関節に負担がかからないように**滑り止めの**

付いたマットを敷くなどの配慮を忘れずに。

　ネコは、暑いときは涼しい場所、寒いときは暖かい場所へ自分で移動しますが、年をとって動くのがおっくうになっていることもあるので、**温度管理**にも気を配りましょう。特に体をあまり動かさず寝ている時間が長いシニアネコは、筋肉量も落ちて体の熱を生み出す能力が低くなり、寒がりになります。特に寒い時期には、保温性が高くて柔らかい素材の寝床をいくつか用意してあげることが大切です。**湯たんぽ**や電子レンジで温めて使う**保温マット**などを寝床に入れてあげれば経済的です。いうまでもありませんが、寝床は洗濯したり干したりして、いつも清潔に保ちましょう。

　また、年をとるに従いストレスに対する適応力も低下するので、

安心してくつろげる場所を提供する

今までお気に入りだった寝床などに以前のように簡単に行けなくなることも。台やイスを設置して行きやすいように配慮したり、別の場所に寝床をつくってあげよう。

大好きな窓際やバルコニーが よりくつろげるように工夫する

第4章 シニアネコに適した食餌と環境

部屋の模様替えや**引っ越し**などの大きな環境の変化はできれば避けたいところです。

★ ペット用の階段（ステップ）や斜路（スロープ）を利用する

のぼれる！

これなら行けそう！

★ 温度管理にも気を配ろう

シニアネコは寒がり。
寒い時期には保温性が高く
柔らかな素材の寝床を
いくつか用意してあげよう。
湯たんぽや電子レンジで温める
保温マットなら経済的。

あったか〜い♡

4-9 「狩り」のような遊びはシニアネコも大好き
～飼い主から誘ってあげる

　生まれつきのハンターであるネコは、自分より小さくて動く「**獲物**」をキャッチする遊びが大好きです。もちろん、ネコも年をとれば若いころのようなワイルドさはなくなり、遊びに誘っても「腰を上げる」までに少し時間がかかるかもしれません。しかし、若いころに飼い主によく遊んでもらったネコは、年をとっても遊びへの興味を失いません。遊びの時間は、**ネコにとって心身が満たされるだけでなく、飼い主との楽しい触れ合いの時間**でもあります。

　「そういえば最近あんまり遊んでないなぁ」と思ったら、タンスに眠っているネコのおもちゃを引っ張り出してきましょう。夕方など少し暗くなってネコが活動的になる時間帯を狙い、お気に入りのネコじゃらしをチラッと見せ、獲物（ネズミ、小鳥、トカゲ、ヘビ、昆虫など）となる動きを真似てネコから遠ざけるように動かし、床に置いた段ボールや紙袋などの物陰に隠す、箱の穴から出したり隠したりするなど、ネコの興味を引くようにランダムに動かしてみましょう。カシャカシャという音のするおもちゃ、あるいは外から採ってきたどんぐりやエノコログサ（ネコジャラシ）に好奇心旺盛なネコもいます。

　狩りは獲物を見つけて「**目で追う**」ことからはじまります。獲物の存在を確認して、獲物をキャッチしようかどうかを考える瞬間は（私たちが、欲しいものを買おうかどうか迷ってワクワクするように……）、ネコにとってワクワクするひとときに違いありません。もしネコがあまり動こうとせずに、おもちゃを目で追うだけであっても、興味を示しているなら「年をとって寝てばかりで、どうせ遊ばないから」などといわず、毎日数分でも**遊ぶ時間**をぜひ

第4章 シニアネコに適した食餌と環境

つくってあげてください。

　また、ドライフードを探したり、手ですくい出したりするような遊びを取り入れて、**運動不足を解消**しましょう。ドライフードをプラスチックのふたなどに置き、水に浮かべると、水にも興味を示して、水を飲む量が増えることもあります。

ネコの狩りは、獲物を目でとらえ、忍び寄り、追いかけ、跳びかかり、捕まえ（手で押さえつけ）、口にくわえるという一連の動作からなる。おもちゃは、飼い主が「獲物」の動きを真似て動かすことで、ネコが興味を示す。ネコから遠ざけるように動かし、獲物の姿が消える瞬間（物陰に隠すなど）をつくるのがポイント

ドライフードを箱や紙袋の中に隠したり、転がすと穴から少しずつ出てくるグッズを使ったりすれば、運動量も増える

マイクロチップの多大な恩恵とは?

　ドイツでのネコの人気はここ数年ずっと安定しており、2016年のネコ飼育頭数は1,340万匹(イヌ飼育数860万匹)と、ペットの中ではダントツの人気です。現在ドイツでは、ネコの**完全室内飼い**と、外にも出られる**半外飼い**の割合は同じぐらいです。つまり、2匹に1匹は何らかの形で家の外に出ていることになります。

　2008年、ドイツ中西部に位置するパーダーボルン(Paderborn)という市で、ドイツで初めて「外に出る可能性のあるすべて(5カ月以上)の飼いネコ」に対して、**マイクロチップ**の挿入・登録および避妊・去勢手術が義務付けられました。もちろん、野良ネコに食餌を与えている人にも同様の義務があります。

　現在、このパーダーボルンを見習って、およそ560の地方自治体で、この義務付けが条例化されています。「ドイツ全土で、およそ200万匹」とも推測されている野良ネコの数が増えるのを防ぐのが目的です。

　マイクロチップは、イヌやネコを他国に連れて行くとき必須です。そのため、イヌやネコを連れてクルマで旅行することも多いヨーロッパ諸国では、日本に比べてマイクロチップが普及しています。飼いネコが迷子になったあと、運よく見つかれば、そのネコのマイクロチップに登録された情報を照合することで、飼い主がネコと再会できる可能性が高くなります。

　また、マイクロチップの挿入・登録が普及してから、捨てられるイヌやネコの数がドイツでは大きく減りました。飼い主の身元がばれてしまうので、**簡単に捨て**られなくなったわけです。これもマイクロチップの恩恵です。

第5章
シニアネコの
ボディケアとお世話

5-1 毛のお手入れとスキンシップのポイント
～飼い主のケア次第で大きく変わる

　ネコは本来きれい好きで、「起きている時間の10～30％を毛づくろいに費やす」といわれるほど、ヒマさえあれば毛づくろいしています。しかし、若いころは自分でしっかり毛づくろいしていたネコも、年をとるにつれて、その時間を寝て過ごすことが多くなってきます。

　体の柔軟性がなくなったり、関節に痛みがあったり、病気で気分が悪かったり、歯周病で口が痛かったりなどが原因で、あるいは太りすぎて毛づくろいの体勢がうまくとれずにおろそかになっているネコもいます。特に、**背中や肛門周辺**は舌が届かず、背中にフケが目立ったり毛玉ができたりして気づくこともあります。ですから、飼い主のサポートが若いころよりも必要になってきます。

🐾 飼い主によるブラッシングは欠かせない

　ネコ（特に長毛種のネコ）は、日ごろから**ブラッシング**してあげないと、毛玉ができるだけでなく、毛の生え替わる換毛期には大量の抜け毛を飲み込んでしまいます。飲み込む毛の量が少なければ、通常はウンチと一緒に排泄されますが、量が増えると吐き出そうとしたり、吐き出すことも排泄もできず、胃や腸にたまって胃腸障害を引き起こす**毛球症**になることもあります。

　ブラッシングは、抜け毛を取り除き、毛並みを整えるためだけでなく、**血行がよくなるマッサージやリラックス効果**もあり、ネコとの大切なスキンシップの時間でもあります。長毛種のネコはもちろん、短毛種のネコも、ネコが好むなら毎日でもブラッシングしてあげましょう。

第5章 シニアネコのボディケアとお世話

　長毛種のネコは特に、おしりの周りにウンチが付くことがあるので、汚れているのに気がついたら、**ウエットティッシュ**（ペット用でも赤ちゃん用でもOK）**やぬるま湯で湿らせたガーゼ**などで、やさしくつまみ取るようにふきます。場合によっては、おしりの周りの毛を少し短く切っておいてもよいでしょう。

　大きな毛玉ができて、櫛や指でほぐせない場合は、はさみの先を体の外側に向けて持ち、毛玉の固まりの下に少しずつ切り込みを入れて、櫛（くし）と指でほぐしていきましょう。短毛種のネコは**ブラシを使わなくても**、お湯で濡らした手でネコの頭から背中にかけてゆっくりなでてあげると、抜け毛を取ることができます。

　ブラシの種類はたくさんあります。ブラッシングに慣れていないネコなら、まずは**目の粗い櫛**や獣毛ブラシを使って、力を入れすぎず、頭や背中などあまり嫌がらない体の部分からはじめるとよいでしょう。**ネコの表情**にも注意します。目を細めて気持ちよさそうにしているならそのまま続け、少しいらついてきたそぶりが見えたら、その日はそこで終了しましょう。

年をとったネコや太ったネコは毛づくろいがおろそかになりがち。
ネコの毛質や好みに合ったブラシを選ぶ。

基本は獣毛ブラシと櫛
長毛種はスリッカー、短毛種にはラバーブラシを用いてもよい。

🐾 マッサージでスキンシップをとる

　ネコと長年暮らしていると、飼い主との間に強いきずなが生まれます。飼主と強いきずなで結ばれたネコは、シニア期に入ると今まで以上に飼い主に甘え、くっつきたがるようになることがよくあります。

　若いころは自立して、好きなときに好きなことをしてクールだったネコが、シニア期に入ると飼い主に甘えるようになることもあります。飼い主が長い時間家を空けるだけで不安になったり、今までは自分の寝床で寝ていたネコが「夜も寝室に入れてくれ」とうるさく鳴いたりすることがあるかもしれません。

　ブラッシングを含め、**日ごろのネコとのスキンシップの時間がこれまで以上に大切**になります。もちろん、ネコの性格にもよるので決して無理強いしてはいけませんが、ネコがリラックスしているときに、スキンシップを兼ねてマッサージしてあげましょう。マッサージは「なでる延長」と考え、ネコの様子を見ながら指で軽くモミモミしてあげましょう。ネコがどこを触られると気持ちよさそうにするのかは、長年一緒に暮らしてきた飼い主がいちばんよく知っているはずです。

　多くのネコはおでこ、あごの下、耳や耳の後ろ、頭から背中にかけて、しっぽの付け根などをなでられるのが好きです。皮膚の状態（腫れている、赤い、ハゲているなど）をチェックするよい機会でもあります。触られるのを急に嫌がるのは、痛みのサインかもしれません。

　時間がないときは、そばを通るときにほんの一瞬触れてあげたり、目と目を合わせるだけでもかまいません。**ちょっとしたことで好意を示してあげることで、シニアネコは安心**するのです。

　ブラッシングもなでるのもそうですが、若いころにはあまり興味

第5章 シニアネコのボディケアとお世話

を示さなかったりじっとしていなかったネコが、年とともに気持ちよさそうに自分のほうから寄ってきて催促するようになることもあるので、できるかぎり要求に応えてあげたいですね。

シニアネコは飼い主に甘えたり、くっつきたがるようになることがよくある。ネコとのスキンシップの時間をこれまで以上に大切にしよう！

ネコが気持ちよさそうにしているなら、軽くマッサージしてあげるとよい。

5-2 耳のお手入れ
～怠ると外耳炎を起こすこともある

　ネコは通常、耳のお手入れを自分でしますが、年とともに毛のお手入れと同様おろそかになるので、**定期的にチェック**してあげましょう。耳を触られるのを嫌がるネコもいるので、ネコがリラックスしているときを狙って、頭をなでながら、さりげなく耳の先を軽く引っ張るようにして、明るい場所で耳の中をのぞいてみましょう。

　通常、耳の内側は薄いピンク色をしており、ほとんど汚れが付いておらず、嫌なにおいもしません。耳の中がきれいであれば、特に耳のお手入れをする必要はありません。多少の耳アカが付いているときは、ぬるま湯で湿らせて固く絞ったガーゼやコットンを人差し指に巻くようにして、耳の穴から外側へ向けてやさしくふき取ります。

　耳の洗浄液(動物病院やペットショップなどで購入可)を使用する場合は、洗浄液を適量(使用法に書いてある通り)ネコの耳の中に垂らします。ネコがすぐに頭を振って洗浄液が出てしまわないように気をつけながら、耳の付け根をクチュクチュとやさしくマッサージするようにもみます。その後、やわらかいコットンなどで余分な液と汚れをやさしくふき取ります。

　洗浄液を直接耳に入れるのが難しければ、ガーゼやコットンに含ませて、耳の穴から外側へやさしくふき取ってもかまいません。綿棒は耳の中の皮膚を傷つけたり、汚れを耳の奥に押し込んだりする恐れがあるのでお勧めしません。なお、洗浄液が冷たいとネコが嫌がるので、**室温であることを確認**しましょう。ネコがじっとしていなければ、ネコをバスタオルでくるむか、2人で(1人が

第5章 シニアネコのボディケアとお世話

ネコの保定係)協力して行うとよいでしょう。

　耳の中に黒色〜茶褐色の耳アカや、ベタベタした分泌物が大量に付いていたり、血が付いていたり、耳の中が赤く腫れていたり、異臭がする場合は、寄生虫（耳ヒゼンダニ）、真菌（マラセチア）や細菌などが原因で**外耳炎を起こしている**可能性があります。原因によって治療薬が違ってくるので、動物病院できちんと検査してもらいましょう。後肢で耳を頻繁にかいたり、繰り返し頭を振ったりするようなしぐさも耳の病気のサインであることが多いので注意しましょう。日ごろから耳のケアをすることは、耳の病気の予防にもつながります。

◆耳をチェック

きれいな耳

通常、耳の内側は薄いピンク色。
ほとんど汚れが付いておらず、
嫌なにおいもしない。

汚れた耳

黒色から茶褐色の耳アカ、
ベタベタする、血がついている、
中が赤く腫れている、異臭がする。
→外耳炎の可能性。病院へ！

お手入れはガーゼや耳洗浄液で。綿棒は×！
耳のお手入れが終わったらほめてあげよう！

爪のお手入れ
5-3 〜伸びすぎると肉球に深く突き刺さることもある

　ネコの爪は年とともに伸びがちになります。爪とぎがおっくうになったり、今まで体を垂直に長く伸ばして使っていた爪とぎを、関節の痛みなどが原因で、使うのが苦痛になっていることもあります。

　また、爪を出し入れするための、爪と指の骨をつなぐ腱（けん）や靭帯（じんたい）の弾力性が低下することによって、爪が伸びがち（出っぱなし）になっていることもあります。場合によっては、**床に水平に置くタイプの爪とぎを用意**してあげましょう。

　ネコがフローリングの床を歩くときに「コツコツ」と音を立てたり、絨毯（じゅうたん）の上を歩くときに爪が引っかかるようなら、爪が伸びすぎています。放っておくと太い巻き爪に変形して、肉球に突き刺さることもあります。「ネコが年をとって最近歩きたがらない」と思っていたら、実は「爪が肉球に刺さって痛くて歩けない状態だった」ということもあります。

　相当痛いと思いますが、ネコはなかなか痛みを表に出さないので、歩き方がおかしくなったり、血の付いた足跡を見てやっと飼い主が気づくこともあります。爪が深く刺さっている場合は爪を切って、刺さっている部分を抜かなければならないので、動物病院で処置してもらうと安心です。

　そんな状態にならないように、**最低でも2週間に1度はネコの爪を定期的にチェック**して、伸び具合に応じて爪をまめに切ってあげましょう。前肢には爪が5つ、後肢には爪が4つあります。特に**狼爪**（ろうそう）とも呼ばれる前肢の親指の爪は切り忘れることがあるので注意しましょう。

第 5 章　シニアネコのボディケアとお世話

😺 根気よくネコに慣れてもらう

　ネコの爪切りは、子ネコのときから爪を切る習慣があれば問題ありませんが、成ネコになってから爪を切ろうとすると、抵抗して嫌がることもあります。**根気よく慣れてもらうことが大切**です。最初は、ネコがリラックスしているときに肉球を触ったり、爪を出してみたり、爪切りをなにげなく置いたりして、徐々に慣らしていきます。このとき、ネコが好きなところをなでてあげたり、好きなおやつを少量与えてもよいでしょう。

　ネコが爪切りの存在に慣れたら、次は爪切りを開けたり閉じたりして、その動きに慣れてもらいます。ネコが爪切りの動きにすっかり慣れたら、リラックスしているときに1本だけ爪を切ってみましょう。ネコはテーブルの上でも飼い主のひざの上でも、リ

◆ 2週間に1度は爪をチェック！

切る

前肢には5つ
後肢には4つの
爪がある

まず、飼い主がネコの手を触ることに慣れてもらう。肉球や指をマッサージさせてくれるようになれば上出来だ。慣れたら親指と人差し指でネコの爪の付け根を持ち、上から軽く前に押し出して爪を出す練習をする。指の付け根をあらかじめよく観察して、爪のどのあたりを切ればよいか確認しておく

ラックスできるならどんなポジションでもよいのですが、飼い主がネコと同じ方向を向いて、ネコを後ろから抱きかかえるようにするとやりやすいでしょう。ネコの手は引っ張ったりギュッと握ったりせず、やさしく持ちましょう。

　ネコをバスタオルなどでくるんで、爪を切る手だけを出すと、ネコが落ち着くこともあります。難しい場合は、1人がネコをなでながら気をそらせて軽く保定する係、もう1人が爪を切る係などのように2人で行ったり、ネコが熟睡しているところを、そっと近寄って切るという手もあります。

　体勢が整ったら、親指と人差し指でネコの指の付け根を持って、上から軽く前に押し出して爪を出し、1本ずつ切っていきます。毛細血管と神経の通っているかすかにピンク色をした部分より先を2〜3mm残すように切ればよいのですが、一度、深爪して痛い思いをすると、爪切りを嫌いになってしまうので、はじめは**爪先をほんの少し1〜2mm切る程度**にして、徐々に切る長さを調節していきましょう。爪を切った後は、**ネコをほめてあげるのを忘**れずに！

😺 無理せず動物病院に任せてもいい

　わからなければ、動物病院やネコの爪を切り慣れている人に切り方を一度見せてもらうとよいでしょう。さまざまなネコ用の爪切りが市販されていますが、なければ人用の爪切りでもかまいません。

　ネコが抵抗しはじめたらそこで終了します。「毎日1本切るだけでもよい」という軽い気持ちで、**決して無理強いしないことが大切**です。はじめは時間がかかるかもしれませんが、そのうちコツがつかめてきて、速く作業できるようになります。

第 5 章　シニアネコのボディケアとお世話

　もちろん深爪しないように、よく見える明るい場所で切りましょう。念のため、深爪して出血したときに備えて市販の**止血用パウダー**（クイックストップなど）を常備しておけば安心です。容器のふたにパウダーを少し入れておき、指先に適量をとって患部に軽く押し付けます。なければ粉（小麦粉・片栗粉・コーンスターチなど）で代用して様子を見ましょう。どうしても爪切りが無理な場合は、無理せずに動物病院で切ってもらいましょう。

爪切りは使いやすいものを選ぶ

自分の手の大きさやネコの爪の太さなども考慮して使いやすい型を選ぶ。人用の爪切りを使用する場合は、爪を左右からはさむように切ると爪が割れにくい。

ネコも飼い主もリラックスできる体勢で行う
爪を切った後はネコをほめてあげよう！

前肢の親指の爪も忘れずに！

5-4 歯のお手入れ
~ ガーゼでなでるだけでも効果がある

　歯周病を防ぐには、歯石が形成される前に歯垢を取り除くことが大切です。そのためには**歯みがきの習慣**をできるだけ早い時期から付けておくのがベストですが、**成ネコになってからでも、少しずつ歯のケアに慣れてもらうことは可能**です。

　いきなり歯ブラシで歯をみがくと嫌がられるので、まずは、ネコがリラックスしているとき、ネコが喜ぶ頭やのどをなでながら、さりげなく口元や歯に触れてみましょう。口を触られるのを嫌がらなくなったら、次は、お湯で少し濡らしたガーゼやペット用歯みがきシートを人差し指に巻いて歯に触れてみます。

　はじめのうちは、ガーゼにネコが好む味（ささみのゆで汁、ツナ缶の汁、ウエットフードの汁など）を付けてみるとよいでしょう。はじめは牙（犬歯）1本だけでもOKです。ガーゼを巻いた指を口の横から入れて、徐々に触れる歯の本数を増やしていき、円を描くようにやさしく歯の外側をこすります。このとき、もう一方の手でネコの頭を後ろから包み込むように軽く持って固定し、指で口元を軽く持ち上げるようにするとやりやすいです。

　ガーゼでこするだけでも十分に効果はありますが、できる場合は歯ブラシ（ネコ用や乳幼児用でも）を使うとより効果的です。かならず必要なわけではありませんが、嗜好性にすぐれた**ペット用の歯みがきペースト**（オロザイム デンタルジェルやオーラティーン デンタルジェル、ビルバック歯みがきペーストなど）もあります。酵素の働きで歯垢の蓄積を防ぎ、すすぐ必要もありません。気に入ってペロペロなめてくれるようなネコなら、それを歯や歯茎に指で直接塗り付けてもよいですが、歯ブラシの奥に押し込

第5章 シニアネコのボディケアとお世話

むように付けてなめさせると歯ブラシへの抵抗もなくなります。

慣れてきたら歯みがきの時間を徐々に延ばして、歯石のできやすい奥歯（臼歯）から前歯に向かってみがくとよいでしょう。歯みがきを嫌がらないネコなら毎日みがいてあげてもよいのですが、そうでなければ**週に2～3回、1回30秒ほどみがければ上出来**です。歯みがきが終わったら、スキンシップをはかるなどしてほめてあげましょう。

歯みがきがどうしても無理な場合は、動物病院での定期的な歯のチェックとともに、ペットの歯垢・歯石の蓄積を軽減するために開発された口腔内洗浄剤（飲み水に加える液体歯みがき）、歯みがきおやつ、フードも利用できます（ヒルズの「t/d」やロイヤルカナンの「オーラルケア」など）。

①まず、飼い主が歯に触れるのに慣れてもらう

②次は、お湯でぬらしたガーゼを指に巻いて、やさしく円を描くようにしながら歯を軽くこする。このとき、ネコの頭をもう一方の手で軽く固定する

③ガーゼに慣れてきたら、指に付けるタイプの「指歯ブラシ」を使ってもよい

④できる場合は、ネコ用あるいは赤ちゃん用の歯ブラシを使うとより効果的。歯ブラシは、歯石の付きやすい歯と歯茎の間をみがけるように45°の角度であて、やさしく円を描くようにしながら奥歯から前歯に向かってみがくとよい。歯の内側をみがく必要はない

5-5 薬にはじょうずな飲ませ方がある
～食餌に混ぜるか、口に直接入れる

　病気になるとネコに薬を飲ませなければいけないこともありますが、ネコによってはこれがなかなか難しく、飼い主にとってもネコにとってもストレスになることがあります。薬の与え方については、まずその薬を処方してもらった動物病院で指示を受けましょう。

　経口薬には錠剤・カプセル・粉薬・液剤などさまざまな形状がありますが、薬によっては、錠剤を粉薬にすりつぶしたり、苦い粉薬や複数の錠剤をカプセルに入れるなどして形状を変えることもできます。また、薬によっては同じ成分で小さな錠剤や、効果持続時間が長くて投与回数が少なくてすむ薬に変更できることもあります。ネコの食欲やキャラクター、そして飼い主自身のライフスタイルに応じて、与えやすい薬を検討してもらった上で、実際にやり方を教えてもらいましょう。

　薬をきちんと飲ませることは大切ですが、あまり身がまえると飼い主の緊張感がネコに伝わり、ネコが緊迫した空気を感じ取って逃げたり隠れたりしてしまうこともあります。繰り返すうちに上達するので、少しぐらい失敗しても気にせず、リラックスした気持ちでネコに接しましょう。投薬の基本は、**食餌に混ぜて与えるか、口に直接入れるかの2通り**です。

①食餌に混ぜる

　薬の形状にかかわらず、食餌に混ぜ込んでネコが問題なく食べてくれるなら、飼い主にとってもネコにとってもいちばん簡単で楽な方法です。いつも与えているフードに薬を混ぜて、フードを

第 5 章　シニアネコのボディケアとお世話

食べなくなっても困るので、まず、ネコが好んで食べる少量の別のフードやおやつ（固形、ペースト状、液状など）で試してみましょう。

　ネコが薬のにおいに気づいて「プイ」と顔をそむける場合は、少し工夫してみましょう。団子のように小さく丸めたウエットフードや、中心部をほじくった固形のおやつの中に薬（錠剤やカプセル）を埋め込みます。薬を詰められるように、はじめから穴が開いていたり、粘土のように練って薬を包み込むタイプの投薬用補助食品もあるので、かかりつけの獣医師に相談するとよいでしょう。**あらかじめこれを4粒ぐらい用意しておいて、3粒目に薬入りを与える**と、警戒心の強いネコでも成功しやすくなります。薬だけ吐き出すこともあるので、最後まできちんと見届けなければなりません。

　同様に粉薬も、ネコの好きな少量のウエットフードやペースト

薬の飲ませ方（薬のにおいに気づいて飲んでくれないとき）

薬を詰められるようにはじめから穴が開いている投薬用補助食品を
4粒くらい用意しておき、3粒目に薬入りを与える。

状のおやつ、投薬補助食品(無塩バターなどネコが好んでなめるものでも)に混ぜ込んで与えることができます。少量ならネコの口の周りや鼻先になすりつけたり、手に塗ってあげるとなめることもあります。なお、錠剤を粉薬にするときは、「粉薬にしてもよい薬かどうか」をかならず確認してください。容器に錠剤を入れてふたを回すだけで簡単に粉薬にできる**錠剤つぶし器(ピルクラッシャーなど)**や、粉薬を詰める空のカプセルも市販されています。

②口に直接入れる

　ネコの性格にもよりますが、じっとしていないようなネコの場合は、1人がネコを抑えて保定する係、もう1人が薬を飲ませる係と、**2人で行えば理想的**です。ネコを保定するときはスキンシップをとりながら、ネコを後ろから抱きかかえるような感じで(ネコが後ずさりできないように)、肩のあたりを左右から両手でやさしく抑えます。このとき、薬指と小指でネコのひじをはさむようにすると前肢の動きが制限されます。

　1人の場合は、テーブルの上、ひざの上に乗せる、あるいは床の上に正座してネコを太ももの間にはさむようにするなど、自分がやりやすいポジションを見つけます。ネコの首から下をバスタオルなどでくるんで、ひっかかれないようにしてもよいでしょう。

　錠剤やカプセルは、あらかじめ手元に用意しておき、**右ページのイラスト**の要領で、落ち着いてなるべくすばやく確実に行うようにします。薬をなるべく舌の奥のほうに入れると、吐き出されることがありません。手で薬を入れるのが難しい場合は、先端に薬をはさみ込んで、注射器のように押し出す構造の**経口投薬器**を利用することもできます。

　水に溶かした粉薬や液剤は、シリンジに入れ、口の横(犬歯の

後ろの隙間)から差し込み、ゆっくり注入します。もう一方の手でネコの下あごを軽く支えて、頭を上に向けるようにするとやりやすいです。また、錠剤やカプセルを飲ませた後に、シリンジで少量(5mlほど)のお水を飲ませてあげると、薬が食道を通過しやすくなります。

薬の飲ませ方（口に直接入れる）

2人で

薬指と小指でひじの辺りをはさむ

1人で

首から下をタオルなどでくるんで、ネコパンチを防ぐ

2人で協力できればやりやすいが、1人でも慣れればできる

●錠剤の飲ませ方
①利き手の親指と人差し指で薬を持ち、もう一方の手の親指と人差し指でネコの頬骨（口角の後ろあたり）を後方からつかんで少し力を加える
②つかんだ手でネコの頭を上に向かせ、利き手の中指で下あごの前歯を軽く押さえる
③口が開いたら薬を舌の奥のほうに入れて（落として）、すばやく口を閉じる
④頭は上向きのまま、のどをさすったりチョンチョンと鼻先に触れ、薬を飲み込んだことを見届ける。終わったらネコをほめてあげるのを忘れずに！

5-6 飼い主が自宅でできる緩和ケア
〜ネコの生活の質を保つ

　病気の段階にかかわらず、治癒を目的にするのではなく苦痛や不快な症状を緩和することを最優先して、ネコがネコらしい毎日を過ごせるようにしてあげることが**緩和ケア**です。生活の質を保ち、できるだけストレスのない穏やかな日々を送らせてあげることに重点を置きます。自宅で飼い主ができることは、なるべくやってあげるほうが、通院するよりもネコにストレスがかかりません。緩和ケアとしてなにができるのかをかかりつけの獣医師と話し合い、こまめに連絡を取りながら、家族全員で協力できればいうことはありません。念のため夜間緊急時に連絡がつく動物病院を紹介してもらっておくと安心です。

　ネコの生活の質は、ネコの全身状態だけでなくほかの要因にも左右されます。たとえば、家族の事情やネコの性格などです。朝から夜遅くまで仕事で誰も家にいない状態と、家族の誰かがいつもそばにいてネコの様子に気を配れる状態とでは、ネコの生活の質は大きく違ってきます。また、ネコが緩和ケアに対して協力的でない場合は、ケア自体がネコにとって大きなストレスにならないよう、そのネコに適したケアをする必要があります。

　飼い主の愛情と時間が求められることはいうまでもありませんが、精神的・身体的・経済的な負担になることもあるでしょう。しかし、飼い主が体を壊したり、経済的に追い詰められたりしては元も子もありません。**できる範囲でできるだけのことをして、ネコと穏やかな1日1日を過ごすことがいちばん大切**です。

　ネコが自力で排泄ができ、いくらかでも食べようとするなら、それをできるかぎりサポートし、寝たきりに近い状態になったら、

気持ちのよい寝床を用意してあげて、衛生面に気を配り、声をかけたりスキンシップで安心させてあげます。

🐾 ペットの生活の質を左右する7項目

終末期の動物医療にかかわる米国のがん専門獣医師(Alice Villalabos)がペットの生活の質を評価するために、次の7項目(**5つのH、2つのM**)を挙げています。緩和ケアをする上で、これらが満たされているかどうかが重要になってきます。

①苦痛(hurt)

まず、苦痛を緩和してあげることができるかどうかです。重度の痛み(特に悪性腫瘍や重度の骨関節炎など)があるネコにとって、**痛みを緩和することは生活の質を保つ上で最も大切**です。ネコの病状や痛みの強さに合わせて獣医師から適切な鎮痛薬を処方してもらい、痛みをしっかりと管理します。常にネコの様子に気を配り、**痛みのサイン**(呼吸数、心拍数の上昇や、**1-5**の痛みのサイン)が見られないか注意します。薬だけでなく、少しでも不快感や不安を取り除くようにケアしてあげることが痛みの緩和にもつながります。

心臓病や腫瘍などで呼吸が苦しそうなときは、自宅での酸素吸入(簡易な酸素室をつくるなど)も可能です。一時的でも呼吸を落ち着かせれば状態が安定し、体調がよくなる(食欲が出るなど)場合などには有効なこともあります。かならずかかりつけの獣医師と相談して決めましょう。

②空腹(hunger)

ネコが、空腹を満たして必要なエネルギーを十分摂取できてい

るかどうかです。エネルギーを摂取できなくなると、ネコは衰弱してしまいます。**4-4**も参考にしてください。時間はかかっても、フードをスプーンで食べさせたり、飼い主がウエットフードを小さな団子状にして口の横から舌の奥に押し込むようにするなどして少量ずつ与えてみましょう。**食べられるなら、食べたがるものや食べられるものを食べたいだけ与えましょう**。高エネルギーの子ネコ用フードを試してみてもよいでしょう。

　自分で食べられない状態であれば、**強制給餌**が必要になることもあります。液剤を与えるときの要領で流動食をシリンジに入れて、1日に数回、少量ずつ強制給餌します。

　ネコの嗜好にもよりますが、ペースト状のa/d缶(ヒルズ)をお湯で伸ばしたり、高栄養パウダー(ロイヤルカナン)やチューブダイエット(森乳サンワールド)を水に溶かしたりして与えることができます。もちろん、ふだんネコが食べ慣れているドライフードをお湯や好みのゆで汁でふやかしたり、ウエットフードと混ぜたり、フードプロセッサーで細かくしたり、裏ごししてもかまいません。

　慢性腎臓病の液状の栄養食としては、リーナルケア(共立製薬)、チューブダイエット　キドナ(森乳サンワールド)などがあります。ネコが好むのであれば、チューブに入ったペースト状の高カロリー栄養補助食品(フェロビタⅡ、ニュートリプラスゲルなど)やペーストタイプのおやつ(CIAOちゅ～るなど)など、さまざまなメーカーから出ています。しかし、ネコが飲み込んでくれなくなったら、無理やり強制給餌を行うことはできません。

　食欲はあるのに病気(たとえば、口腔内腫瘍や慢性口内炎など)で口から栄養を摂ることができない場合や、一時的に(手術後などで)食欲がなく、チューブから流動食を摂ることでネコの全身状態の改善が望める場合には、チューブを介しての**チューブ給**

餌という手段もあります。鼻の穴から食道に細いカテーテルを入れる**経鼻カテーテル**や、食道や胃に直接カテーテルを入れる**食道・胃ろうチューブ**などです。どちらの場合も、シリンジを使って飼い主が流動食（水分や薬も）を直接チューブに注入します。ただしネコの状態によっては、無理な強制給餌やチューブ給餌、栄養・水分補給はかえってネコの体の負担になることもあるので、かかりつけの獣医師とよく相談して決めましょう。

図　2種類のチューブ給餌

経鼻カテーテル	・短期間(数日)の使用のみ ・設置に全身麻酔が不要だが、エリザベスカラーが必要 ・チューブが細いので、注入できるのは液体状の流動食のみ
食道ろう・胃ろうチューブ	・長期間の使用(特に胃ろうチューブ)が可能 ・設置には全身麻酔が必要 ・チューブに十分な太さがあるので、ペースト状の流動食も注入でき、短時間に高栄養の給餌が可能

③水分補給（hydration）

ネコが十分に水分を摂っているかどうかです。ネコが自分で水を飲みに行けなければ、口元に持っていくか、シリンジに入れて少しずつ飲ませてあげます。脱水状態が見られたら、動物病院で静脈点滴や皮下に輸液を入れることで、水分補給や電解質バランスの調整をしてもらうこともできます。**皮下輸液**は動物病院で説明を受けた上で、飼い主が自宅で行うこともできます。特にシニアネコに多い慢性腎臓疾患の脱水状態の緩和に有効です。

皮下輸液は、背中の皮を親指と人差し指でつまみあげて**翼状針**という針を刺して皮下に輸液を入れます。以下の点に注意するとスムーズにいくでしょう。

- ネコがリラックスした状態で行うこと
- 皮下に刺す針の向きや角度に注意し、落ち着いて確実に根元まで刺すこと
- 輸液を人肌程度に(湯せんなどで)温めること

　皮下にたまった輸液は、しばらくすると吸収されます。ただし、重度の脱水状態や衰弱状態のときは、かかりつけの獣医師に指示を仰いでください。

皮膚に翼状針を刺すときの向き。先端が下にくるようにする

④衛生状態(hygiene)

　ネコが自力でトイレに行けるなら**4-7**を参考に、**使いやすいトイレ環境**を整えます。状態に応じてトイレを寝床に近づけたり、トイレの数を増やしたりしましょう。

　寝たきりに近い状態になったら、暖かくて柔らかい寝床を用意して、その上にペットシーツを敷き、汚れたらまめに取り替えてあげます。防水タオル、洗えるペットシーツや赤ちゃん用のおねしょシーツなどを使えば経済的です。自力で排尿・排便できなくなれば、手で腹部を圧迫して排泄・排便を促すことが必要になる場合もあるので、動物病院で指示を受けましょう。

　口、目、耳などの顔周りやおしりは、ぬるま湯で湿らせたガー

第5章 シニアネコのボディケアとお世話

ぜやコットンでふき、ネコが好むなら固く絞った温タオルで体全体もやさしくふいてあげましょう。皮膚腫瘍などによる傷口の手当ても獣医師の指示のもと自宅で行います。

また、筋肉が衰えないように、マッサージで筋肉をほぐしてあげましょう。ネコは体重が軽いので床ずれの心配はほとんどありませんが、それでも自分で体位を変えることができなければ、**1日に数回、寝ている体位を変えてあげます。**

⑤幸福（happy）

体をあまり動かすことができなくても、飼い主とコンタクトをとろうとしたり、周りで起こっていることに興味を示しているかどうかです。ネコの寝床は家族の目の届くところに置いて、おもちゃを見せたり、声をかけたりして、**家族の一員であるネコが寂しくないように気を配ってあげましょう。**

⑥活動性（mobility）

自分で、あるいは人の助けを借りて、起き上がったり歩いたりできるかどうかです。たとえば、トイレで立っているのがつらそうなら、ネコの腰を手で支えてあげたり、歩こうとしているなら、タオルをお腹の下に通してネコの体を吊り上げるようにして、**歩くのを補助してあげることもできます。**

⑦調子がよい日が悪い日より多い（more good days than bad）

1日中気分が悪そうで、ぐったりしている日があっても、次の日には少し元気が出て調子がよさそうに見えることもあります。そんな日々を繰り返しながら、いつしか、調子の悪い日のほうが、よい日よりも多くなっていくかもしれません。

COLUMN 5

ペットと一緒に永遠の眠りにつく

　イヌやネコは、飼い主の家族・パートナーとして**家族化**が進んでいます。実際、ペットと同じベッドで寝たり、誕生日やクリスマスに何かをプレゼントする方も多いのではないでしょうか？

　最近は、家族同然に愛してきたペットと「死んだあとも一緒にいたい」と考え、「同じお墓に入りたい」と希望する人も増えています。一昔前は「ペットと一緒にお墓に入るのはタブー」とされていたので、ペットの遺骨を自身が将来入るお墓にこっそり埋葬したり、自分が死んだときにお棺の中へ入れるよう頼む人もいたようです。2003年、こんな人々のニーズに応えるために、日本国内で初めて**ペットと一緒に眠れるお墓**ができました。それ以降、その数は着実に増え、現在では全国に250カ所以上、「ペット可」の霊園があります。

　とはいえ、宗教的価値観の違いや動物に対する感情の相違、また特別な許可が必要なこともあり、この願いを受け入れてくれる墓地は、まだまだ限られています。ちなみに反対の声が多かったドイツでも2015年に初めて、人とペットが一緒に入れるお墓が2カ所にでき、それ以来、その数は急増しています。

　およそ1万年前の遺跡から、ネコと人（キプロス島）、イヌと人（当時のヨーロッパと北アメリカ）が一緒に埋葬されているのが発見されています。こうした歴史を振り返れば、**ペットと一緒に永遠の眠りにつくことは、あながちおかしいことではないのかも**しれません。ペットが大切な家族の一員であることを反映するように、ペットと一緒に眠れるお墓は、今後も世界中で増えていくことでしょう。

第6章
別れのとき

6-1 ネコが最期を迎えるとき
～飼い主ができることはなにか？

　家族の一員として、長年楽しい時間をともにしてきたネコとも、**いずれお別れする日**がかならずやってきます。病気の治療など、できるかぎりのことをした後にやってくる終末期を迎えて、やせ細った愛ネコが衰弱していく姿を見るのはつらいものです。最期を看取ることは精神的に大きな負担をともないますが、ネコは長年住み慣れた自宅のお気に入りの寝床で、愛する家族や仲間に看取られることを望んでいると思います。

　昔から「ネコは死期が近づくと姿を消して、ひっそりとした場所で死んでいく」と言い伝えられてきました。具合が悪くなって外敵から身を守るために、静かな場所でじっとうずくまって体力の回復を待っているうちに、人知れず息絶えてしまうネコが多いからだと思います。

　そのほかに、「ネコには死の概念がなく、体調が悪く苦しい状態を『敵の威嚇』とみなして、その危険から身を隠している」「人に死ぬところを見せたくない」「飼いネコも最期には、クッションの上ではなく冷たい面の上での死を望む」など、その理由もいろいろと推測されています。

　いずれにしても、室内のみで暮らすネコが増えている今日、**長年一緒に暮らした飼いネコの最期を看取ることができるのは、飼い主にとってもネコにとっても幸せなこと**といえます。

　病状が悪化していく場合、これといった疾患はなく、老ネコの体がゆっくりと自然に生を閉じようとしていく場合……どのような最期を迎えるのかは、ネコ1匹1匹で違います。数時間かかるのか、数日かかるのか誰にもわかりません。

第 6 章　別れのとき

🐾 最期を迎えるネコに起こること

　最期を迎えるときが近づくと、やせ細ったネコの体は食餌、そして水も徐々に受け付けなくなってきます。じっと眠っている時間が長くなり、体のすべての臓器の働きが徐々に低下していきます。体温も下がるので、肉球も冷たく感じられるでしょう。

　柔らかくて温かい寝床を用意してあげても、ヨロヨロと体を引きずりながら、冷たい場所、あるいはトイレ、洗面所、いつも行かないような場所に移動しようとするかもしれません。

　飼い主は、**ネコが安心できるようにできるだけ目が届くところにいて、そばでただ見守って、ネコの好きなようにさせてあげましょう。**

　そのうち、立ち上がることもできなくなり、ぐったりと寝たきりの状態になるでしょう。意識も次第に薄れ、周りに起こっていることや飼い主の声にも反応を示さなくなるかもしれません。けいれん発作を起こすこともあります。

　最後のサインは、呼吸がゆっくり、そして不規則になっていくことです。苦しそうに口で呼吸をしたり、何度か大きくため息をつくように深い呼吸をしたりして最期を迎えるでしょう。

　愛する家族に見守られながら、その腕の中で眠るような最期を迎えることができるネコは幸せだと思いますが、中にはまるで計画したかのように、飼い主がちょっとその場を離れた瞬間、ちょっとウトウトした瞬間に旅立ってしまうネコもいるでしょう。もしそうだったとしても、決して自分のことを責めないでください。それは、ネコがその瞬間を、飼い主が悲しむので見せたくなかったからかもしれません。

　飼い主に最後まで愛されてできるかぎりのことをしてもらったことは、ネコがいちばんよくわかっています。

6-2 ネコの安楽死とはなにか?
～正しく理解した上で家族全員で決める

　回復の見込みがまったくなく、苦痛を除去・緩和することも限界に達して、ただ「最期のときを待つのみ」という場合には**安楽死**という選択もあります。

　たとえば、悪性腫瘍や腎不全の末期で、呼吸困難やけいれん発作を繰り返し起こしているような状態であれば、獣医師から安楽死の話があるかもしれません。「1日でも1秒でも長く一緒にいたい」という思いと「苦痛から早く解放してあげたい」という思いの葛藤(かっとう)にさいなまれるかもしれません。すぐに決める必要はありません。

　安楽死に対しての見解は、国や宗教はもちろん、個人の倫理的な観点によっても異なってきます。その国の人への医療制度も反映されるでしょう。たとえば、人の安楽死が合法化されている国もあるヨーロッパでは、ペットの安楽死を「非人道的」とはとらえず、痛みや苦しみにさらされながら体がゆっくりと活動を停止していく過程を、少しだけ早く送り出してあげる「**穏やかな死**」としてとらえ、日本に比べて安楽死が選択されるケースが多いと思います。

　安楽死を実際にさせるさせないにかかわらず、後で後悔しないためにも、安楽死について**正しく理解しておくことが大切**です。安楽死の手段は動物病院によっても多少の違いがあるので、その手順や自宅への往診は可能かなど、不安に思うことがあればきちんと説明を受けておきましょう。

🐾 ネコの「意思」を尊重して飼い主が判断する

　通常は獣医師が鎮静効果のある麻酔薬を注射して、ネコは飼

第6章 別れのとき

い主の腕の中で眠りにつきます。ネコが眠りについたところで、2度目の注射（致死量の麻酔薬を静脈注射）が打たれ、ネコの呼吸が止まり、心臓が停止します。

2度目の注射をするときにはネコは眠っているので、注射されたことにも気づかず、苦痛をともなうことなく、静かに永遠の眠りにつきます。

このときだけは、飼い主が望むなら（可能であれば）、かかりつけの獣医師に自宅に往診してくれるように頼んでもよいでしょう。住み慣れた家で、家族全員で見送ることができます。

安楽死は「世話をすることができない」とか「病気になったネコの痛々しい姿を見たくない」など、決して人側の都合ではなく、ネコの生活の質が保たれているかを基準に判断しなければなりません。**5-6**で「自宅での緩和ケア」の7つの項目を述べましたが、そのほとんどが満たされないような状態、言い換えれば、ネコがそのネコらしく生きられなくなったときが「安楽死に値する状態」と考えてもよいかもしれません。

しかし頭ではわかっていても、「そのとき」を決めるのは簡単なことではありません。いちばん大切なのは「ネコの心の声」に耳を傾けることだと思います。**ネコと心が通じ合った飼い主には、ネコの生きようとする「目の輝き」が失われた瞬間が感じとれるはずです。**

最終的にはネコの「意思」を尊重し、家族全員で話し合った上で、ネコのことをいちばんわかっている飼い主のする選択が、ネコにとってもいちばんよい選択なのです。「自然な死」を迎えさせてあげても、安楽死を選んでも、最後までネコに寄り添ってあげることが大切だと思います。そして、「**よく頑張った**」とネコをほめてあげましょう。

ペットロスの悲しみとどう向き合う?
~飼い主の心の中で永遠に生き続ける

6-3

　大切な家族の一員であるネコを看取ったり、そうでなくても、なんらかの事情で手放さなければならなくなったとき、喪失感に襲われて、しばらくの間はなにもする気が起きない日が続くかもしれません。

　ネコがいなくなってから、小さなネコがどれほど大きな存在であったのかに気づかされます。ネコに対する思いは1人1人異なり、**そのネコと飼い主との関係は世界に1つしか存在しません。**

　最愛のペットの喪失（**ペットロス**）による悲しみの感じ方も1人1人違いますが、ネコとの心のきずなが強ければ強いほど、深い悲しみからなかなか立ち直れないこともあります。悲しくてなにも手につかなくなったり、眠れなくなったりすることもあるでしょう。誰かに怒りをぶつけたり、「あのとき、ああしていれば……」などと後悔の念に駆られて、自分のことを責めたりすることもあるでしょう。

　しかし、命が尽きるのは誰のせいでもなく、命が尽きる日は（ネコにかぎらず）誰にでもかならずやってきます。

　大切な家族の一員がいなくなれば悲しいのは当然です。泣きたいときは思いっきり泣いて、ネコの死を受け入れて、自分なりにネコとしっかりお別れすることが大切だと思います。

　見るのがつらければ、しばらくの間は写真や思い出の品をしまっておいてもよいでしょう。**あなたがネコと一緒に過ごした楽しい幸せな思い出は、あなたの心の中にしっかりと刻み込まれています。**

　理解を示してくれない人がいても気にすることはありません。

第 6 章 別れのとき

ネコとの思い出を共有する家族や友達と思い出を語り合うのもよいでしょう。あるいは、インターネットのペットロス掲示板で、愛するペットへの想いをつづったり、ペットを亡くした人々の間でいつしか語られるようになった「虹の橋」という詩を読んでみたりすることで、少しは気持ちが楽になるかもしれません。

　日を追うごとに悲しい気持ちや後悔の念は薄れ、**心にぽっかり空いた穴は、愛ネコとのたくさんの楽しかった思い出が埋めてくれる**はずです。たくさんの写真の中からいちばんお気に入りの写真を選んで、愛ネコの写真に向かって「今までありがとう」と言う、やさしくて穏やかな気持ちになれる日がかならずやってきます。そのときは、あなたの最高の笑顔を見せてあげてください。ネコもそれを望んでいるはずです。

そのネコと飼い主との関係は世界に1つしか存在しない。

旅立ったペットたちは、「虹の橋」のたもとで楽しく遊びながら、飼い主がくるのを待ってくれているのだろうか……

6-4 飼い主の心がまえ
~ペットは1匹では生きられない

　人の側の都合でネコとお別れしなくてはならないこともあります。飼い主の年齢やライフスタイルにかかわらず、人にはなにがあるかわかりません。

　責任をもって生涯一緒に暮らすつもりであっても、予期せぬいろいろな事情から、泣く泣くネコを手放さなければならない状況になることもあるかもしれません。

　万一の場合に備え、情報を集めて準備だけはしておきたいものです。

　ネコにかぎらずペットを迎え入れる際には、自分がいないときに短期でペットの世話をしてくれる人、そして、万一の場合、ペットを引き取ってくれる人がいるかを考えておきましょう。それが、「**最後まで責任をもってペットと暮らす**」ということです。

　家を留守にする場合に備えて、ネコ好きの身内や友達、あるいは住まいの近くに、お互いにネコの世話を任せられる「ネコ友達」がいれば理想的です。

　場合によっては「ペットシッター」や「ペットホテル」という選択肢もあります。（急な場合に備えて）事前に会って話を聞いたり見学したりして、安心して世話を頼めるかどうかを確認しておくことが大切です。

🐾 ネコをたくさん飼っている人は特に注意

　ひとり暮らしの高齢の飼い主にとって、ペットは大きな心の支えとなり、活力を与えてくれるかけがえのない存在ですが、自分が病気になったり、さまざまな事情でペットを世話できない状

第6章 別れのとき

態になることもあります。

　特にその数が多ければ多いほど、周りの人は困ってしまいます。かわいそうなネコを救おうと引き取ってその数が増え、結局、自分の生活もままならない状況になってしまったり、ネコを愛するあまり周囲とのコミュニケーションがおろそかになったり、自分自身の病気が後回しになったりするようなことがあれば本末転倒です。**自分が健康であってこそ、ペットの面倒も見ることができる**のですから。

🐾 自分が老人ホームに入るという可能性も忘れずに

　ネコを託せる知り合いがどうしても誰もいない場合は、有料でペットを生涯、預かってくれる施設（一部の動物保護団体や老ネコホームなど）もあります。

　施設の情報を事前に収集し、本当に最後までしっかりと面倒を見てくれる信頼できる施設なのか、どんな設備があるのかなどを確認しておきましょう。

　飼い主自身が年をとって、自分が老人ホームに入ることもあるでしょう。長年一緒に暮らしてきたペットと離れ離れになれば、それこそ寂しくて生きる気力も失せてしまうかもしれません。そんな問題を解決するために、最近は**ペットと一緒に暮らせる老人ホーム**も各地にできています。

　また、人の高齢化が進む中、飼い主が病気になったり、亡くなってペットを世話できなくなった場合に備えて、託しておいた財産でペットの世話をしてもらう**ペット信託**という信託サービスもあります。

　これらの関心度やニーズが高まっている背景には、飼い主とペット双方の高齢化があるといえます。

6-5 同居ネコの悲しみをケアする
~悲しみの影に隠れた健康上の問題に注意

最近はネコを2匹以上飼っている方も増えています。仲よしネコがお互いグルーミングし合ったり、くっついて寝ている姿を見ると本当に心が和みます。

しかしネコを2匹飼っていると、**どちらかがかならず先に旅立ってしまいます。**

ネコが「死の概念」をどう理解しているかはわかりませんが、ネコも仲間がいなくなった喪失感はあると思います。

特に環境の変化に対する適応力が低下しているシニアネコは、仲よしだった同居ネコがいなくなった後、精神的に不安定になり、行動が変化することがよくあります。

たとえば、よく鳴くようになったり、食欲が落ちたり、遊ばなくなったりなどです。

やはり「仲間」と一緒に食べるごはんのほうがおいしいし、ごはんを横取りされる心配がなくなると、食べるモチベーションが下がるのかもしれません。もちろん、ネコが飼い主の様子の変化を敏感に感じとり、それが行動の変化に結び付いていることもあるでしょう。

中には明らかに悲しそうな様子で頭を落とし、仲よしネコがいつもいたお気に入りの場所で、**まるでその姿を思い出して悲しんでいるかのようなそぶりを見せるネコ**もいます。

ネコ同士の関係によっては、今まで控え気味だったネコが自分の使える空間が広くなったとばかりに伸び伸びとした態度を見せ、「自分の番がやってきた」とばかりに飼い主に甘えだすようなこともあります。

第 6 章　別れのとき

🐾 同居ネコの死をほかのネコに隠さない

　ネコ同士の関係がどうであったかにかかわらず、同居ネコにも亡くなった仲間のネコの姿を見て、においをかいで、**なにが起こったのかを受け入れる時間**をつくってあげてください。ネコ同士の仲がよかったならなおさらです。一見、無関心な態度を見せたり、違うにおいがするので威嚇することがあるかもしれませんが、ネコなりになにかを感じとっているはずです。悲しみのプロセスは、同居ネコがいなくなった時点からはじまります。

　亡くなったネコの姿を見て、「同居ネコがもう帰ってくることはない」ことを理解すれば、悲しみのプロセスも短くなるはずです。いつも一緒にいた仲よしネコが突然、わけもわからずいなくなり、帰ってくるのかどうかもわからない状態では、ネコの不安な気持ちは増すばかりです。

　飼い主は、いつもと同じ時間に、いつもよりちょっと贅沢な食餌をあげて、なるべく生活のリズムを変えないようにして見守ってあげましょう。ネコと遊んだりスキンシップしたりする時間をたくさんとることは、**残されたネコだけでなく、飼い主自身のペットロスの心も癒してくれるはず**です。

　悲しみのプロセスやそれにかかる時間は個体差がありますが、残されたネコが1週間以上、明らかに元気がない状態が続くようなら、単に悲しんでいるのではなく、健康上の問題がある可能性もあります。この場合は1度、獣医師に相談してみましょう。

🐾 ネコの相性は一筋縄ではいかない

　長年一緒に暮らした仲よしネコを失って元気のなくなったネコの姿を見ると、「新しいネコを迎え入れたほうがいいのか？」と悩むこともあるでしょう。

しかし、「とにかく代わりのネコを連れてくればよい」というわけではありません。残されたネコの年齢、活動性、健康状態やキャラクターを考慮した上で、**時間をかけて慎重に決める必要が**あります。

　一般的には、残された先住ネコの年齢が高ければ高いほど、新しいネコをすんなり受け入れてくれる可能性は低くなります。1日の大半を静かな場所で寝て過ごすことの多いシニアネコのもとに、元気な子ネコや若いネコを迎え入れれば、まとわりつかれたり、追いかけられたりして、シニアネコはうんざりして逃げ回るか、遊びに付き合ってもすぐに疲れてしまい、大きなストレスになります。

　あるいは、新入りネコがどこにいるのかを絶えず気にして、威嚇したり攻撃したりすることもあります。**シニアネコにストレスのない穏やかな老後を過ごしてもらうことはできません。**

　飼い主も、どうしても新入りネコ（特に子ネコなら）をかまう時間が長くなり、先住ネコは自分の場所を譲って、不安な気持ちで部屋の隅で1日を過ごすようになるかもしれません。

　とはいえ、年をとっても活動的なネコはおり、シニアネコが新入りの子ネコをかわいがって元気を取り戻したケースや、同じような境遇の（同居ネコを亡くした保護ネコ）シニアネコを迎え入れて、とても仲よくなったケースも実際にあります。

　「こうしたほうがいい」という決まりはありませんが、残されたネコの健康状態がよくなかったり、年をとってほぼ1日中寝ているような老ネコの場合は、新しいネコを迎えることはお勧めしません。

　もし新しいネコを迎えることを考えているなら、子ネコのときから周りにいつもネコのいる環境で育ち、ほかのネコとうまくやれる社会性があり、人にもなついており、現在いるネコと活動性

やキャラクターが似ているネコを選ぶと、仲よくしてくれる確率が高くなるでしょう。

　子ネコに比べて、成ネコだとある程度、性格が決まっているのでわかりやすいはずです。飼い主がネコと触れ合ってネコの性格をあらかじめ見ることができたり、ネコ同士の相性を見るために譲渡後のトライアル期間を設けている保護団体から、保護ネコを迎えるのも一案でしょう。

　どうしても、シニアネコのもとに子ネコを引き取らなければならない場合は、子ネコ2匹を一緒に迎え入れてあげると、シニアネコの負担が軽くなります。しかしネコ同士の相性は予期できないことも多いので、新しいネコを迎える際は十分に時間をかけましょう。

🐾 様子見の期間を設ける

　成功させるためのポイントは、いきなり対面させずに、新入りネコには先住ネコがあまり出入りしないような部屋（あるいは大きめのケージ）にトイレ・寝床など必要なものを一式用意して、**まず家や家族に慣れてリラックスしてもらう時間をつくること**です。ネコ同士が「お互いの存在やにおいはわかるけれど、顔は合わせない」という期間（数日から1週間）を設けるためです。

　その後、食事や遊ぶ時間などで2匹が顔を合わせる時間を毎日つくり、ネコの様子を見ながら、（威嚇しないようなら）その時間を徐々に延ばしていきます。

　このとき、**いつも先住ネコを優先することが大事**です。どうしても相性が悪い場合は、新入りネコをあきらめるか、2匹をいったん別々の部屋に隔離して、根気よく時間をかけて慣らしていくなどの対策が必要です。

6-6 新しいネコを迎え入れる
~あなたに飼われて幸せになるネコがまた1匹

　愛ネコを失った後は「2度とこんな悲しい思いはしたくない……」「これほど愛しいネコに2度と巡り合うことはない……」という気持ちになるかもしれません。しかし、ネコとの暮らしがどんなにすばらしいのかがわかったからこそ、もう1度、ネコとの暮らしを考えてみてはいかがでしょうか。もちろん、ゆっくりと時間をかけて、家族のみんなで相談して決めることが大切です。

　動物愛護センターや動物保護団体などが各地で開催する「譲渡会」、あるいは「里親募集」のサイトや近所の動物病院の里親募集の貼り紙などを通じて、新しい家族を必要としているネコをぜひ迎え入れてあげてほしいと思います。ネコと飼い主との出会いは縁もあるので、もしかするとこちらから探さなくても、**見えない力で引き寄せられるようにネコのほうからやってきてくれる**かもしれませんが……。

　中には亡くなったネコと外見が似たネコを探す方もいますが、見かけは似ていても、ネコの性格はまったく違います。外見が似ていると、無意識のうちに亡くなったネコとの共通点を探して、期待が裏切られるということもあります。気持ちを切り替えて、外見がまったく違うネコを飼ってみるのも楽しいかもしれません。

　新しいネコを迎え入れても、亡くなったネコに対する愛情がなくなったり、亡くなったネコを裏切るわけではありません。むしろ、**次のネコが飼い主の悲しみを癒してくれることを亡くなったネコも望んでいる**と思います。

　さまざまな事情から新しいネコを迎え入れることはできないけれども、「ネコのためになにかしてあげたい」と考えている方は、

第 6 章　別れのとき

飼い主のいないネコと人とが幸せに暮らすことを目指す「地域ネコ活動」に参加してみることもすばらしいと思います。このような活動では、ネコを捕獲して避妊・去勢手術を施したり、地域住民が給餌活動やふん尿などの管理を行ったり、場合によっては保護ネコ（子ネコやなついているネコ）の里親探しなどもしていることがあります。

　自分ができることから、無理せずにはじめればいいのです。

　今までネコから教えてもらったたくさんの貴重な経験（よいことも悪いことも）を、次のネコとの暮らしやボランティア活動にぜひ役立ててほしいと思います。そうすることで、**亡くなったネコの存在も、いつも身近に感じられる**のではないでしょうか。

次のネコが飼い主の悲しみを癒してくれることを亡くなったネコも望んでいると思います。

「お、新しいネコだニャー。なかなかいい飼い主だったから、お前もかわいがってもらうニャー。いつも、見守っているニャー」

循環式給水器を「自作」する

　新鮮な水が飲めるよう、イヌ・ネコ用にさまざまな種類の**循環式給水器**が市販されています。特に水をあまり飲まないネコにとっては（個体差もありますが）流れる水をおもしろがって、飲む量が増えるというメリットがあります。ただ、循環式給水器は「洗うのが面倒」です。新鮮な水を与えるため購入したのに、手入れを怠って、そこが雑菌のすみかになっては本末転倒です。

① 小型水中ポンプ（水槽・水循環用）。1,000円前後。調整レバーで水量を増減できるポンプだと便利です。
② 小型水中ポンプの吐き出し口に合う7cmほどの水槽ホース。購入は1m単位になると思いますが、替えがあると思えば安心です。300円前後。
③ 底に穴のあいた小さな素焼き鉢。高さ10cmほどで200円前後。
④ 深さのある陶器のお皿やボール・土鍋など。家で使わなくなった食器でかまいません。
⑤ アクアリウム用の飾り石（用意できる場合）。鉢を固定する役目と、インテリアとして見た目をよくする役目です。ネコが誤飲しないように大きめの石にします（写真の100円玉は大きさの参考）。

ドイツでは循環式給水器を手づくりする飼い主さんが増えています。洗うのが楽でコストもあまりかからず、意外と簡単につくれます。用意するのは左ページの写真の5点で、つくり方は以下の通りです。

陶器のお皿の中央に、水槽ホースを取り付けた小型水中ポンプを設置する

小型水中ポンプの上に素焼き鉢をかぶせ、底の穴から水槽ホースの先端を出す

陶器のお皿の外側を中心に飾り石を置く

飲み水を入れてポンプを作動させる

ネコが水を飲みにくれば成功！

《 おもな参考文献 》

Fortney William D, *Geriatrics: Veterinary Clinics of North America: Small Animal Practice Volume 42*, Issue 4, Elsevier Saunders, 2012

Rand Jacquie, *Praxishandbuch Katzenkrankheiten: Symptombasierte Diagnostik und Therapie*, Urban & Fischer Verlag/Elsevier GmbH, 2009

Schroll Sabine, *Lauter reizende ... alte Katzen!: Krankheiten*, Verhalten und Pflege, Books on Demand, 2014

Streicher Michael, *Notfaelle bei Katzen: Erkennen Helfen Leben retten*, Antheon E.K., 2013

Villalobos Alice, Kaplan Laurie, *Canine and Feline Geriatric Oncology: Honoring the Human-Animal Bond*, Blackwell Publishing, 2007

《 おもな参考論文、引用論文 》

Bellows J, Center S, Daristotle L, et al. Evaluating aging in cats: How to determine what is healthy and what is disease., *J Feline Med Surg 2016*, 18:551-70.

Bellows J, Center S, Daristotle L, et al. Aging in cats: Common physical and functional changes., *J Feline Med Surg 2016*, 18:533-50.

Bloom CA, Rand J. Feline diabetes mellitus: clinical use of long-acting glargine and detemir., *J Feline Med Surg 2014*, 16:205-15.

Brooks D, Churchill J, Fein K, et al. AAHA weight management guidelines for dogs and cats., *J Am Anim Hosp Assoc 2014*, 50:1-11.

Carney HC, Ward CR, Bailey SJ, et al. AAFP Guidelines for the Management of Feline Hyperthyroidism., *J Feline Med Surg 2016*, 18:400-416.

Reppas G, Foster SF. Practical urinalysis in the cat 1: Urine macroscopic examination 'tips and traps' ., *J Feline Med Surg 2016*, 18:190-202.

Sparkes AH, Caney S, Chalhoub S, et al. ISFM Consensus Guidelines on the Diagnosis and Management of Feline Chronic Kidney Disease., *J Feline Med Surg 2016*, 18:219-39.

Taylor SS, Sparkes AH, Briscoe K, et al. ISFM Consensus Guidelines on the Diagnosis and Management of Hypertension in Cats., *J Feline Med Surg 2017*, 19:288-303.

Tobias G, Tobias TA, Abood SK. Estimating age in dogs and cats using ocular lens examination., *Compend Contin Educ Vet 2000*, 22:1085-1091.

Zoran DL. Feline obesity: clinical recognition and management., *Compend Contin Educ Vet 2009*, 31:284-293.

索引

数字
3-2-1ルール　85

あ
アルツハイマー型認知症　112
アンチノール　101
イパチキン　64
ウロキャッチャー　39、40
オメガ3脂肪酸　62、101、114、122
オメガ6脂肪酸　122
オリゴ糖　104、105

か
拡張型心筋症　86
キャット・フレンドリー・クリニック　45、47
強制給餌　133、135、168、169
巨大結腸症　102、105
グルコース　66、67
グレインフリー　118
経鼻カテーテル　169
ケトアシドーシス　68、70、75
ケトン体　40、67～69、75
虹彩　14、15
甲状腺ホルモン　49、76、78、79
拘束型心筋症　86
コセクインパウダー　101

さ
糸球体　58～61、110、111
循環式給水器　188、189
食道・胃ろうチューブ　169
シリンジ　38、40、111、140、164、165、168、169
水晶体核硬化症　14、15

た
線維肉腫　81、83、85
全身性高血圧症　78、106
造血器腫瘍　80
ソモギー効果　72

た
タウリン　70、86
チューブ給餌　169
低血糖症　70～72、75
糖尿病性ケトアシドーシス　68、75
動脈血栓塞栓症　30、88～90

な
尿比重屈折計　41
ネコ注射部位肉腫　83、85
ネフロン　58、60、62

は
破歯細胞　92
皮下輸液　63、105、169
肥大型心筋症　86、111
病理検査　82
ペインスケール　22、23
変形性関節症　97
ボディコンディションスコア　124、125
ホメオスタシス　10、63、64

ま
マイクロチップ　136、137、148
毛球症　150
毛細血管再充満時間　32

ら
ラプロス　63
リン吸着剤　63

サイエンス・アイ新書
SIS-393

http://sciencei.sbcr.jp/

ネコの老いじたく
いつまでも元気で長生きしてほしいから
知っておきたい

2017年12月25日　初版第1刷発行

著　者	壱岐田鶴子
発行者	小川 淳
発行所	SBクリエイティブ株式会社 〒106-0032　東京都港区六本木2-4-5 電話：03-5549-1201（営業部）
装丁・組版	クニメディア株式会社
印刷・製本	株式会社シナノ パブリッシング プレス

乱丁・落丁本が万が一ございましたら、小社営業部まで着払いにてご送付ください。送料小社負担にてお取り替えいたします。本書の内容の一部あるいは全部を無断で複写（コピー）することは、かたくお断りいたします。本書の内容に関するご質問等は、小社科学書籍編集部まで必ず書面にてご連絡いただきますようお願いいたします。

©壱岐田鶴子　2017 Printed in Japan　ISBN 978-4-7973-6901-4